高职高专机械类专业系列教材

现代焊接技能实训指导

主　编　周飞霓　邱　鹏

副主编　杨　金

参　编　刘　茂　孙淑侠　叶东南　韩　喆

主　审　许小平

西安电子科技大学出版社

内 容 简 介

　　焊接技术是现代先进制造业中一种重要的加工工艺方法。本书对各种常规的焊接操作方法做了较为详细的讲解，内容主要包括焊条电弧焊、气割与手工气焊、CO_2 气体保护焊、手工钨极氩弧焊、埋弧自动焊、焊接机器人、摩擦焊和激光焊等焊接方法的操作指导。本书具有较强的实用性，有助于学生快速提升焊接操作水平，掌握焊接技巧。

　　本书可作为高职高专院校机械类专业的教材，也可作为焊接技能竞赛以及社会人员岗前培训、职业资格证书考核培训和焊接行业工程技术人员的参考书。

图书在版编目(CIP)数据

现代焊接技能实训指导/周飞霓，邱鹏主编.--西安：西安电子科技大学出版社，2024.7
ISBN 978 - 7 - 5606 - 7173 - 4

Ⅰ.①现…　　Ⅱ.①周…②邱…　Ⅲ.①焊接—高等职业教育—教材　Ⅳ.①TG4

中国国家版本馆 CIP 数据核字(2024)第 008534 号

策　　划　秦志峰　杨丕勇
责任编辑　秦志峰
出版发行　西安电子科技大学出版社(西安市太白南路 2 号)
电　　话　(029)88202421　88201467　　　邮　　编　710071
网　　址　www.xduph.com　　　　　　电子邮箱　xdupfxb001@163.com
经　　销　新华书店
印刷单位　咸阳华盛印务有限责任公司
版　　次　2024 年 7 月第 1 版　2024 年 7 月第 1 次印刷
开　　本　787 毫米×1092 毫米　1/16　印张 11.5
字　　数　266 千字
定　　价　34.00 元
ISBN 978-7-5606-7173-4 / TG
XDUP　7475001-1

＊＊＊ 如有印装问题可调换 ＊＊＊

前　言

高等职业技术教育是我国高等教育的重要组成部分，其目标是培养既有较强实际操作技能，又掌握一定理论基础的高级技术应用型人才。本书正是为满足船舶海洋、航空航天、轨道交通、石油化工等装备制造行业对焊接技术人才的强烈需求而撰写的。

本书在编写过程中力求深入浅出，图文并茂，理论联系实际，做到学用结合，使教材内容更具有科学性和实用性；对理论知识以够用为度，重点突出实际应用；同时注意焊接实训过程中新材料、新工艺、新技术的应用，使教材内容更具有先进性。

本书主要给出了各种焊接方法的操作指导，有助于学生快速提升焊接操作水平，掌握焊接技巧。相关操作指导对应"焊条电弧焊""气割与手工气焊""CO_2 气体保护焊""手工钨极氩弧焊""埋弧自动焊""焊接机器人""摩擦焊""激光焊"等专业课程。

附录中的考核实例给出了评分标准，学生完成实训后可按评分标准对工件质量进行评定，从而有针对性地调整操作方法。

本书由周飞霓、邱鹏担任主编，由杨金担任副主编。其中，第1~3章由周飞霓、邱鹏编写；第4~6章由周飞霓、杨金编写；第7章由杨金编写；第8~9章由邱鹏编写；附录由周飞霓、刘茂、孙淑侠、韩喆、叶东南编写。本书由许小平教授主审。

本书的编写得到了武汉船舶职业技术学院教务处、船舶与海洋工程学院的大力支持，在此谨向关心、支持本书编写的同仁们表示衷心的感谢。

由于编者水平有限，书中难免存在疏漏和不足之处，恳请广大读者、同行、专家批评指正。

编者
2024 年 2 月

目 录

第 1 章 绪 论

在金属加工领域中，焊接是一种发展非常迅速的加工技术，目前已发展成为一门独立的学科，并在能源、交通、建筑，特别是在机械制造领域中得到了广泛应用。随着经济的发展与科学技术的进步，焊接技术将发挥越来越大的作用。

1.1 焊接方法与焊缝分类

1. 焊接方法

按照焊接过程中金属所处状态的不同，焊接方法可分为熔焊、压焊和钎焊三大类。本书着重介绍熔焊方法。常用的熔焊方法有焊条电弧焊、埋弧自动焊、气体保护焊(包括氩弧焊和 CO_2 气体保护焊)和气焊等，其特点与应用范围详见表 1-1。

表 1-1 常用熔焊方法的特点与应用范围

常用熔焊方法		特点与应用范围
焊条电弧焊		设备简单，使用灵活方便，适用于焊接短小及任意空间位置的焊缝，但生产效率较低，劳动强度较大
埋弧自动焊		生产效率高，焊接质量好，节省焊接材料和电能，焊件的焊接变形小，改善了劳动条件
气体保护焊	氩弧焊	焊接质量好，热影响区窄，焊件的焊接变形小，易实现机械化、自动化。氩弧焊主要用于焊接铝、镁、钛等有色金属，以及锅炉、压力容器中的重要部件
	CO_2 气体保护焊	CO_2 气体保护焊主要用于焊接变形较大的薄板及低碳钢和低合金钢
气焊		设备简单，不需要电源，操作方便，但生产效率较低，焊件的焊接变形大，适用于焊接较薄的焊件

2. 焊缝的分类

焊缝有下列几种分类方法。

(1) 按照焊缝空间位置的不同，焊缝可分为平焊缝、立焊缝、横焊缝及仰焊缝四种，如图 1-1 所示。

(2) 按照焊缝结合形式的不同，焊缝可分为对接焊缝、角接焊缝两种，如图 1-2 所示。

（3）按照焊缝断续情况的不同，焊缝可分为连续焊缝和断续焊缝两种。断续焊缝又分为交错式和并列式两种，如图 1-3 所示。

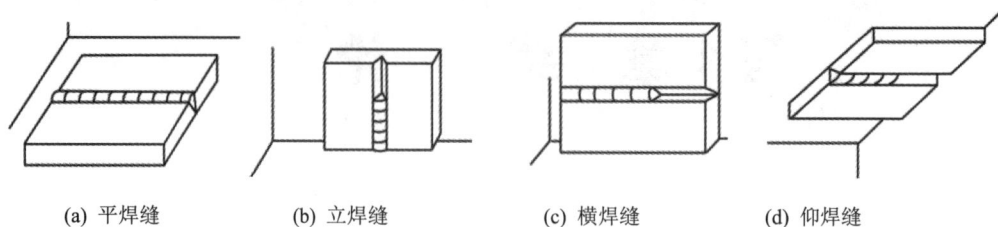

(a) 平焊缝　　　　(b) 立焊缝　　　　(c) 横焊缝　　　　(d) 仰焊缝

图 1-1　不同空间位置的焊缝

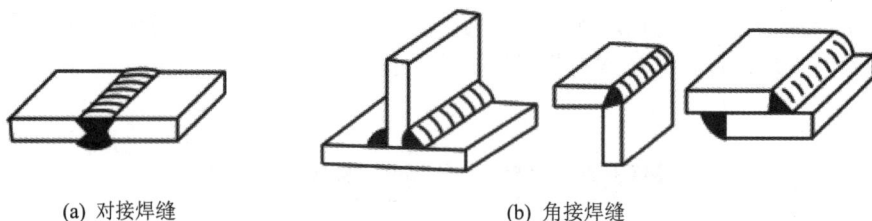

(a) 对接焊缝　　　　　　　　　　(b) 角接焊缝

图 1-2　不同结合形式的焊缝

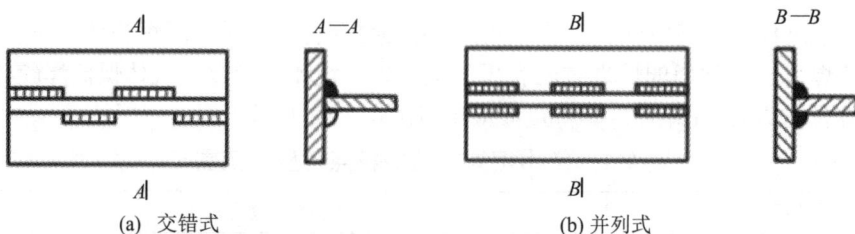

(a) 交错式　　　　　　　　　　(b) 并列式

图 1-3　断续焊缝

1.2　常用焊接设备简介

1. 焊接设备的种类及特点

常用的焊条电弧焊设备有弧焊变压器、弧焊发电机、弧焊整流器、直流电焊机四类，见图 1-4。

(a) 弧焊变压器　　　　　　　　　　(b) 弧焊发电机

(c) 弧焊整流器   (d) 直流电焊机

图 1-4 常用的焊条电弧焊设备

弧焊变压器具有结构简单、经济耐用、维修简便等特点。弧焊发电机具有焊接电弧稳定、焊接操作性能较好(引弧、再引弧容易)等特点。弧焊整流器除具有弧焊发电机的特点外，还具有噪声小、空载耗电少、维护容易等特点。直流电焊机利用正负两极瞬间短路时产生的高温电弧来熔化焊条和母材，从而达到使它们结合的目的；其结构十分简单，就是一个大功率的变压器，具有引弧容易、电弧稳定和焊接质量好等优点。

2. 焊机铭牌

焊机铭牌要采用国家标准(GB 15579.1—2013)规定的格式(见图 1-5)，并牢固地安装在焊机背后明显的位置上。焊机铭牌上会给出有关产品的输入、输出、防护等级等信息，以及相应的工艺、接地等符号或标志。

图 1-5 焊机铭牌示例

1.3 焊机的使用

1. 焊接回路

在焊接过程中，焊接电源输出的电流所流过的导电回路称为焊接回路。焊接回路中的电弧电压可用电压表测量，焊接电流可用电流表测量，电流表应串联在焊接回路中，电压表应与焊接回路并联，如图1-6所示。

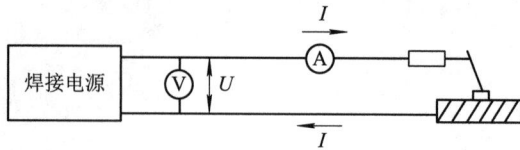

图1-6　焊接回路中电压表、电流表的连接

2. 焊机的启动及停止

弧焊变压器启动前，焊钳与焊件不得接触，以防短路。在合闸启动时，面部切勿正对开关，以防发生意外事故。弧焊整流器启动时，应同时开动焊机内的冷却风扇。

当焊接工作结束或临时离开工作场地时，必须及时切断电源。

3. 焊机的使用规则

正确使用焊机是延长焊机寿命、保证焊机正常工作和焊接质量的重要环节。焊机的使用规则如下：

(1) 严格按照焊机铭牌上标明的技术参数使用焊机，不得超载使用。

(2) 焊机工作时，不允许有长时间的短路。特别应该注意，在没有切断电源又不进行焊接的情况下，要防止焊钳与焊件接触，以免造成短路现象。

(3) 工作中要注意检查焊机温度是否正常。如果焊机过热($T>60℃$)，则应等焊机温度降低后，再进行焊接。当运转不久就发生过热现象时，应立即停机，检查并维修。

(4) 焊机应放置在干燥通风的地方；加强焊机的维护保养。

(5) 使用前，应检查焊机各处的接线是否正确，导线各接头是否牢固可靠，外壳是否可靠接地，闸箱的保险丝或熔片是否完好，焊机内部是否有异物，一切正常后，方可合闸使用。

1.4　焊接实训安全操作规程

焊接实训安全操作规程如下：

(1) 焊接人员必须穿戴好符合国家或行业标准的劳动防护用品，方可进行焊割作业。

(2) 实施作业前，应认真检查焊机和相关线路的安全技术状况，若发现问题，应立即整改；做好焊接的所有准备工作后方可作业。

(3) 电焊机外壳必须接地良好，其电源的装拆应由电工完成。

(4) 电焊机要设单独的开关；开关应放在防雨的闸箱内；拉合时，应戴手套侧向操作。

(5) 焊钳与把线必须绝缘良好，连接牢固；更换焊条时，应戴手套；在潮湿地点工作时，应站在绝缘胶板或木板上。

(6) 严禁在带电和带压力的容器上或管道上施焊；焊接带电的设备时，必须先切断电源。

(7) 焊接储存过易燃、易爆、有毒物品的容器或管道前，必须将容器或管道清洗干净，并将所有孔口打开。

(8) 在密闭金属容器内施焊时，容器必须可靠接地，通风良好，并有人监护，严禁向容器内输入氧气。

(9) 焊接前预热工件时，应采取石棉布或挡板等隔热。

(10) 把线、地线禁止与钢丝绳接触，更不得用钢丝绳或机电设备代替零线，所有地线接头必须连接牢固。

(11) 更换场地或移动把线时，应切断电源并不得手持把线爬梯登高。

(12) 清除焊渣或采用碳弧气刨清根时，应戴好防护眼镜或面罩，防止铁渣飞溅伤人。

(13) 多台焊机在一起集中施焊时，焊接平台或焊件必须接地，并应有隔光板。

(14) 磨削钨板时，必须戴手套、口罩，并将粉尘及时清除。

(15) 二氧化碳预热器的外壳应绝缘，端电压不得大于 36 V。

(16) 雷雨时应停止露天焊接作业。

(17) 施焊场地周围应清除易燃易爆物品或进行覆盖、隔离。

(18) 在易燃易爆气体或液体扩散区施焊前，必须经有关部门检视许可。

(19) 焊接结束后应切断焊机电源，并检查工作地点，确认无起火危险后，方可离开。

(20) 遵章守纪，不准酒后作业、疲劳作业，不离岗脱岗，不打闹嬉戏，不违章作业，拒绝任何违章指挥作业。

第2章　焊条电弧焊

焊条电弧焊是指手工操纵焊条进行焊接的电弧焊方法,是各种电弧焊方法中发展最早且目前仍然被广泛使用的一种焊接方法。

2.1　焊条电弧焊基础知识

采用焊条电弧焊焊接时,焊接电源输出端的两根电缆分别与焊钳、焊件连接,组成了包括电源、电缆、焊把(焊钳)、地线夹头、焊件和焊条在内的闭合回路,即焊接回路,如图2-1所示。

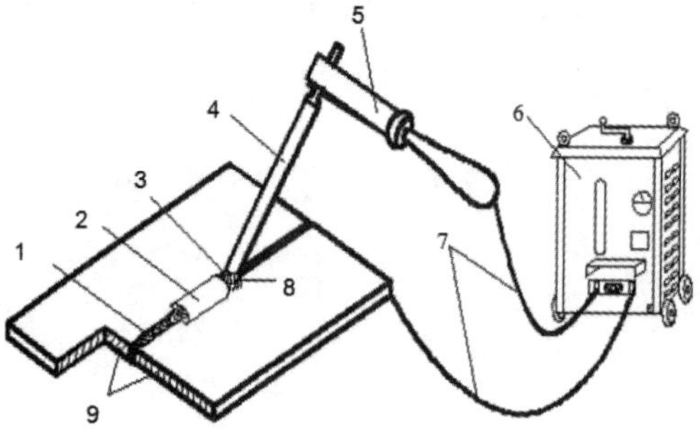

1—焊缝;
2—渣壳;
3—电弧;
4—焊条;
5—焊钳;
6—焊机;
7—电缆;
8—熔池;
9—焊件。

图2-1　焊条电弧焊示意图

1. 焊条电弧焊的特点

焊条电弧焊的焊接过程是从电弧引燃时开始的。电弧将焊条端部和电弧下面的工件表面熔化,在焊件上形成具有一定几何形状的液体金属部分(叫作熔池)。不断熔化的焊条以滴状通过电弧过渡到熔池中,与熔化的工件互相熔合,冷却凝固后即形成焊接接头。焊接接头由焊缝、熔合区和热影响区组成,如图2-2所示。

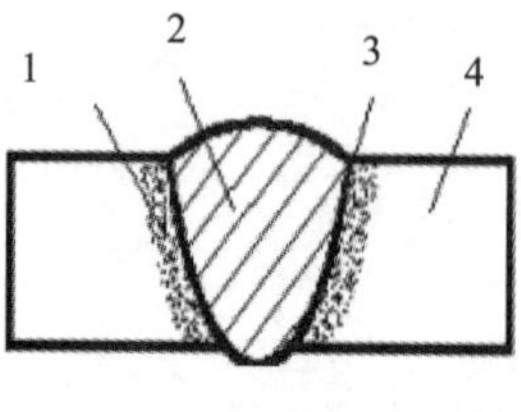

1—热影响区;
2—焊缝;
3—熔合区;
4—母材。

图2-2　焊接接头

焊条电弧焊的特点如下:

(1) 设备简单,维护方便。焊条电弧焊既可采用交流电源,又可采用直流电源,装卸设备都比较简单，投资少，而且维护方便。

(2) 操作灵活。可焊接任意空间位置的焊缝，即凡是焊条能够到达的地方均能够进行焊接。

(3) 应用范围广。选用合适的焊条不仅可以焊接低碳钢、低合金钢、高合金钢、有色金属等同种金属，而且还可以焊接异种金属；同时还可以在普通碳素钢上堆焊具有耐磨、耐腐蚀等特殊性能的材料，在造船、锅炉及压力容器、矿山机械、化工设备等方面得以广泛应用。

(4) 工艺使用性强。针对不同种类的焊条及不同厚度的钢材，可以选择不同工艺进行焊接。

(5) 对焊工要求高。焊条电弧焊的焊接质量除和选择合适的焊条、焊接参数及焊接设备相关外，主要靠焊工的操作技术和经验来保证。在相同的工艺条件下，一名操作技术高、经验丰富的焊工能焊出外形美观、质量优良的焊缝；而一名没有经验的焊工焊出的焊缝可能不合格。

(6) 劳动条件差。焊条电弧焊主要依靠焊工的手工操作控制焊接的全过程，所以在整个焊接过程中，焊工处在手脑并用、精力高度集中的状态，而且受到高温烘烤，在有害的烟尘环境中工作。过多吸入烟尘对焊工健康不利，因此必须加强劳动保护。

(7) 生产效率低。焊条电弧焊是手工劳动，辅助操作较多，如更换焊条、清理熔渣、打磨焊缝等，并且其焊材利用率不高、熔敷率较低，难以实现机械化和自动化，所以其生产效率较低。

2. 焊条的组成

焊条是电焊条的简称，由药皮和焊芯两部分组成。

焊芯是指焊条中被药皮包覆的金属芯，它实际上就是涂有药皮的熔化电极。其作用有两条：一是作为电极，传导电流，产生电弧；二是熔化后作为填充金属，与熔化的母材一起组成焊缝金属。

焊芯的牌号以"H"(即"焊"字汉语拼音的第一个字母)开头，其后的表示方法与钢号表示方法相同。例如，H08MnA 表示高级优质，主要合金元素为 Mn 且其含量为 1% 左右，含碳量为 0.08% 的焊接用焊丝。

焊条电弧焊中，焊芯金属约占整个焊缝金属的 50%～70%，因此焊芯的化学成分将直接影响焊缝质量。

3. 焊条的分类

焊条按用途可分为九大类：结构钢焊条、耐热钢焊条、不锈钢焊条、堆焊焊条、铸铁焊条、镍及镍合金焊条、铜及铜合金焊条、铝及铝合金焊条、特殊用途焊条，其中应用较广的是结构钢焊条。

焊条按药皮性质可分为酸性焊条和碱性焊条两大类。药皮中含有大量酸性氧化物(如 SiO_2、TiO_2、Fe_2O_3)的焊条，称为酸性焊条；药皮中含有大量碱性氧化物(如 CaO、FeO、MnO、Na_2O、MgO)的焊条，称为碱性焊条。

GB/T5117—2012 规定了碳钢焊条的型号，用字母"E"字后加上四位数字表示。例如，E4303 的含义如下：

字母"E"表示焊条；前两位数字"43"示焊缝金属的抗拉强度不小于 430 MPa；后两位数字"03"表示该药皮类型为钛型，适用于全位置焊接，采用交流或直流正反接。

焊条牌号是以各类焊条的相应汉字(或汉字拼音的首字母)加上三位数字表示的。例如，结 507(或 J507)的含义如下：

汉字"结"(或 J)表示结构钢焊条；前两位数字"50"表示焊缝金属抗拉强度不小于 500 MPa；第三位数字"7"表示药皮类型为低氧钠型，适用于直流焊接。

2.2　焊条电弧焊操作指导

焊条电弧焊的操作主要包括引弧、运条、焊道连接、收尾等，而不同焊接位置处的具体操作则有所差异。

2.2.1　焊条电弧焊焊前准备

1. 准备焊机、焊条、焊件、辅助工具和量具

焊接前，焊工必须穿戴好劳动防护用品，包括工作帽、工作服、护脚和焊工手套；选用合适色号的护目镜；牢记焊工操作时应遵循的安全操作规程，并在作业中始终贯彻。

1) 焊机

电工先接好焊机的电源线和接地线，并用测电笔测量机壳的带电情况，然后由焊工本人接好焊机的输出焊接电缆。连接焊件的电缆可固定在一块方钢上，如图 2-3 所示，便于使用中移动。

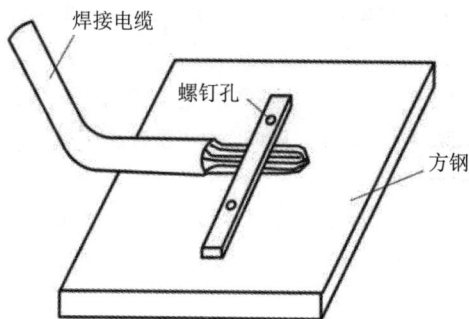

图 2-3　电缆线固定在方钢上

2) 焊条

酸、碱性焊条具有不同的焊接工艺性能，焊工都应掌握。本训练选用 E4303(酸性焊条)和 E5015(碱性焊条)两种型号的焊条，直径范围为 2.5～5 mm。使用前，焊条应放在焊条烘箱内按规定的温度和时间进行烘干。在正式焊接前，应对焊条进行现场检验，检验合格后方可进行试焊。

3) 焊件

本训练采用 Q235 低碳钢板，厚度为 6～8 mm，长度为 300 mm，宽度为 150 mm。钢板表面用角向磨光机打磨至露出金属光泽，再用划针在钢板表面每间隔 30 mm 划一条直线，并打上样冲眼作为标记。

4) 辅助工具和量具

焊工操作作业区附近应备好錾子、清渣锤、焊缝万能量规、钢丝刷等辅助工具和量具。

2. 焊接工艺参数的选择

焊接时，为了保证焊接质量而选定的物理量(例如焊接电流、电弧电压、焊接速度等)，统称为焊接工艺参数。

焊条电弧焊主要的焊接工艺参数包括焊条直径、焊接电流、电弧电压和焊接速度。焊接时，焊接工艺参数可以有一定范围的波动，正确选择焊接工艺参数是保证焊缝质量的重要措施。

1) 焊条直径

采用平敷焊时，焊条直径取决于焊件厚度。如表 2-1 所示，焊件越厚，选择的焊条直径越大。但是，在操作培训时，可以用较细直径的焊条在较厚钢板上进行平敷焊。

表 2-1　焊条直径与焊件厚度的关系　　　　　　　　　　单位：mm

焊件厚度	3	4～5	6～8	>8
焊条直径	2.5	3.2	4～5	5

2) 焊接电流

焊接电流是较为重要的焊接工艺参数。焊接电流过小，会造成电弧燃烧不稳定，产生夹渣；焊接电流过大，会使焊条发热、药皮发红脱落，焊缝产生咬边，甚至将焊件烧穿。采用平敷焊时，焊接电流值取决于焊条直径，见表 2-2。

表 2-2　焊接电流与焊条直径(低碳钢)的关系

焊条直径/mm	2.5	3.2	4	5
焊接电流/A	60～80	100～130	160～210	200～270

3) 电弧电压

采用电弧焊时，电弧电压值主要取决于电弧长度。电弧长，则电压高；电弧短，则电压低。当弧长增加时，电弧飘动不稳，飞溅大，保护效果差，焊缝表面的成形恶化，特别是采用 E5015 焊条焊接时，还容易在焊缝中产生气孔，所以此时应采用短弧焊接。由于焊条电弧焊是手工操纵焊条进行焊接工作的，弧长难以稳定，因此电弧电压并不是焊前所能选定的一个焊接工艺参数。

4) 焊接速度

焊接速度是指单位时间内完成的焊缝长度。对于焊条电弧焊来说，焊接速度即焊条向前移动的速度，它直接影响焊缝的几何尺寸。当其他参数不变时，若焊接速度慢，则焊成的焊道宽而高；反之，若焊接速度快，则焊成的焊道窄而低。采用焊条电焊弧焊接时，焊接速度由焊工的手操纵，所以它也不是焊前所能选定的一个焊接工艺参数。据实测，焊条电弧焊合适的焊接速度为 140～160 mm/min。

因此，在进行平敷焊练习时，应根据所选用的焊件厚度，选择对应直径的焊条，再根据焊条直径选择相应的焊接电流，而电弧电压和焊接速度则无法预先进行准确的选择，应在练习过程中摸索并掌握其合适的值。

2.2.2 平敷焊操作

1. 平敷焊的操作特点

采用焊条电弧焊焊接时，焊工左手持面罩，右手拿焊钳，焊钳上夹持焊条，如图2-4所示。各种焊接姿势见图2-5。在焊条与焊件间产生电弧后，利用电弧的高温熔化焊条金属和母材金属，熔化的两部分金属熔合在一起成为熔池。焊条移动后，熔池冷却成为焊缝，通过焊缝将两块分离的母材牢固结合在一起，实现焊接。

图2-4　焊条电弧焊操作图

图2-5　焊条电弧焊的各种焊接姿势

平敷焊是将焊件置于水平位置，在焊件上堆敷焊道的操作方法，这是焊条电弧焊中最基本的一种训练方法。通过练习，焊工应该熟练地掌握焊条电弧焊操作中的各种基本动作，学会选择相应的焊接工艺参数，熟悉常用焊机及辅助工具的使用方法，为以后的各种焊条电弧焊操作技能培训打下坚实的基础。

2. 引弧

采用焊条电弧焊焊接时，引燃焊接电弧的过程，叫作引弧。引弧时，首先把焊条端部与焊件轻轻接触，然后很快将焊条提起，这时电弧就在焊条末端与焊件之间产生。

常用的引弧方法有划擦引弧法和直击引弧法两种，见图2-6。

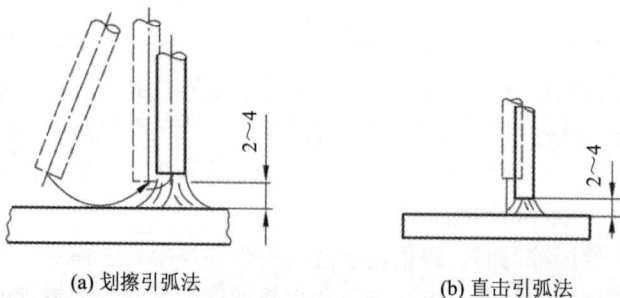

(a) 划擦引弧法　　　　　　　　(b) 直击引弧法

图2-6　引弧方法

(1) 划擦引弧法：先将焊条末端对准焊件，然后像划火柴似的将焊条在焊件表面轻轻划擦一下，电弧引燃后，再迅速将焊条提升到使弧长保持 2～4 mm 高度的位置，并使之稳定燃烧。这种引弧方式的优点是电弧容易引燃，操作简便，引弧效率高。其缺点是容易损坏焊件的表面，造成焊件表面划伤的痕迹，在焊接正式产品时应该少用。

(2) 直击引弧法：将焊条末端垂直地在焊件起焊处轻微碰击，然后迅速将焊条提起，电弧引燃后，立即使焊条末端与焊件保持 2～4 mm，使电弧稳定燃烧。这种引弧方法的优点是不会使焊件表面造成划伤缺陷，并且不受焊件表面大小及焊件形状的限制，所以这种引弧方法是焊接时主要采用的引弧方法。其缺点是引弧成功率较低，焊条与焊件往往要碰击几次后才能使电弧引燃和稳定燃烧，操作不易掌握。

3. 运条

运条是整个焊接过程中较为重要的环节，它会直接影响到焊缝的外形，是衡量焊工操作技术水平的重要指标之一。基本的运条方法有直线形、直线往返形、锯齿形、月牙形、三角形和圆圈形运条等，见图 2-7。

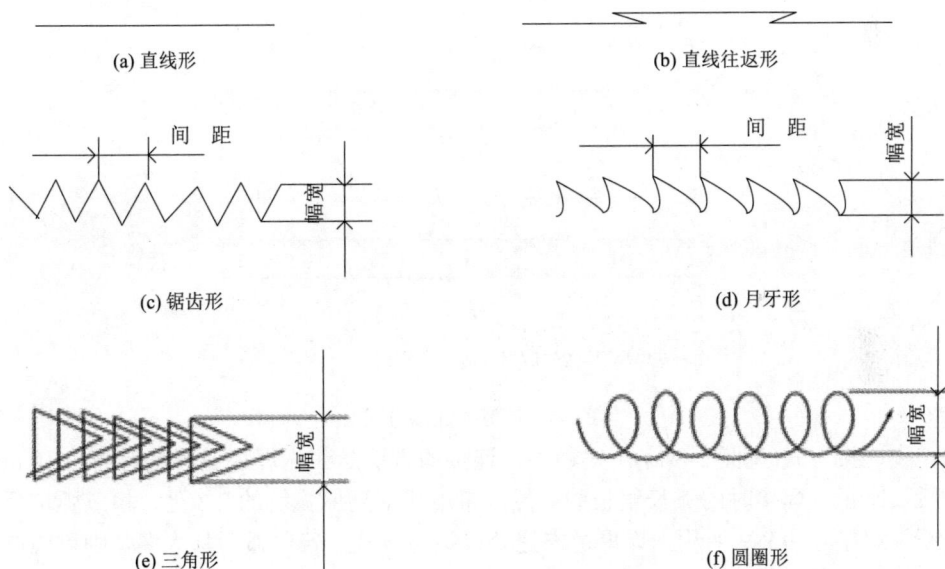

(a) 直线形　　　　　　　(b) 直线往返形

(c) 锯齿形　　　　　　　(d) 月牙形

(e) 三角形　　　　　　　(f) 圆圈形

图 2-7　基本运条方法

运条分三个基本动作：沿焊条中心向熔池送进、沿焊接方向移动和横向摆动。焊条向熔池方向送进的目的是随着焊条的熔化来维持弧长不变。焊条下送速度应与焊条的熔化速度相适应。如果下送速度太慢，会使电弧逐渐拉长，直到断弧；如果下送速度太快，会使电弧逐渐缩短，直至焊条与熔池发生接触而短路，同样会导致电弧熄灭。当焊条沿焊接方向移动时，随着焊条的不断熔化，逐渐形成一条焊道。若焊条移动速度太慢，则焊道会过高、过宽，外形会不整齐，甚至在焊接薄板时会产生烧穿现象；若焊条移动速度太快，则焊条和焊件熔化不均，焊道会较窄。焊条移动时，应与前进方向成 70°～80° 的夹角，以使熔化金属和熔渣推向后方；如果熔渣流向电弧的前方，则会造成夹渣等缺陷。

运条的这三个动作不能机械地分开，而应融合在一起，才能焊出外形美观的焊缝。

4. 焊道的连接

焊接长焊缝时，由于受焊条长度的限制，一根焊条不能焊完整条焊道。为了保证焊道的连续性，要求每根焊条所焊的焊道相连接，此连接处就称为焊道的接头。

由于接头处往往会产生夹渣、气孔等缺陷，因此接头的质量对于整个焊道来说，显得非常重要，也是焊工练习的重点。

焊道的连接有四种方式，见图2-8。

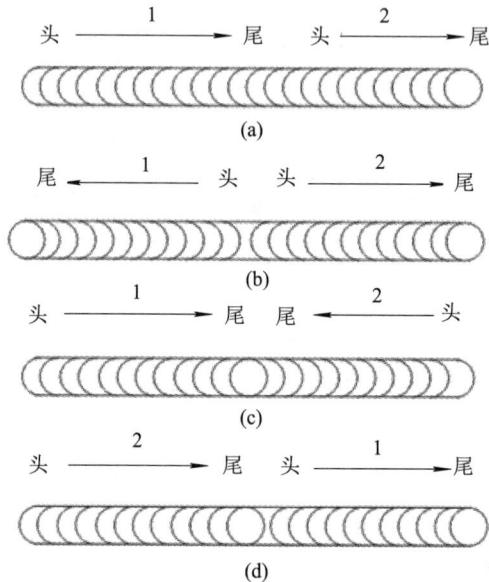

头 ——1——→ 尾　　头 ——2——→ 尾

(a)

尾 ←——1—— 头　　头 ——2——→ 尾

(b)

头 ——1——→ 尾　尾 ←——2—— 头

(c)

头 ——2——→ 尾　　头 ——1——→ 尾

(d)

1—先焊焊道；2—后焊焊道。

图2-8　焊道的连接方式

第一种连接方式(见图2-8(a))用得最多。连接的方法是在先焊焊道焊尾前面约10 mm处引弧，弧长比正常焊接时的弧长稍长些，然后将电弧移到原弧坑的2/3处，填满弧坑后，即可进入正常焊接。图2-9为从先焊焊道末尾处接头的方法。若电弧后移太多，则可能造成接头过高；反之，若后移太少，则将造成接头脱节，弧坑填不满。

第二种连接方式(见图2-8(b))要求先焊焊道的起头处要略低些，连接时在先焊焊道的起头略前处引弧，并稍微拉长电弧，将电弧引向先焊焊道的起头处，并覆盖其端头，待起头处焊道焊平后向先焊焊道相反的方向移动。图2-10为从先焊焊道端头处接头的方式。

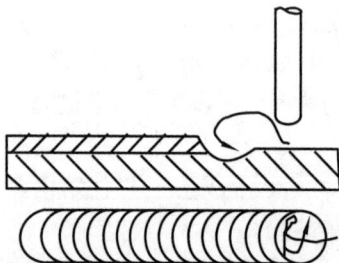

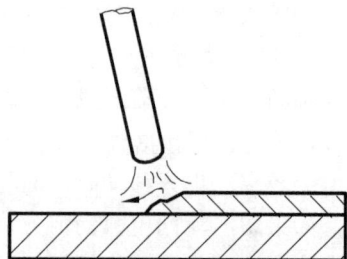

图2-9　从先焊焊道末尾处接头的方法　　　　图2-10　从先焊焊道端头处接头的方式

第三种连接方式(见图 2-8(c))是后焊焊道从接头的另一端引弧，焊到先焊焊道的结尾处，焊接速度略慢些，以填满焊道的焊坑，然后以较快的焊接速度再略向前，最后熄弧。图 2-11 为焊道接头的熄弧。

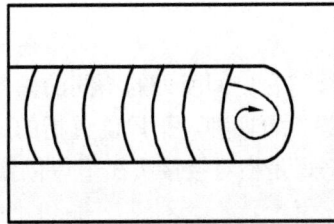

第四种连接方式(见图 2-8(d))是后焊焊道结尾与先焊焊道的起头相连接，再利用结尾时的高温复熔化先焊焊道的起头处，将焊道焊平后快速收尾。

5. 焊道的收尾

焊道的收尾是指一根焊条焊完后如何熄弧。焊接过程中由于电弧的吹力，熔池呈凹坑状，并且低于已凝固的焊道。因此，如果收尾时立即拉断电弧，则会产生一个低于焊道表面甚至低于焊件平面的弧坑，因此要求焊道收尾动作不仅要熄弧，还要填满弧坑。

1) 划圈收尾法

焊条移至焊道终点时，利用手腕动作(臂不动)做圆圈运动，直到填满弧坑后再拉断电弧，见图 2-12。此法适用于厚板焊接，用于薄板时则有烧穿的危险。

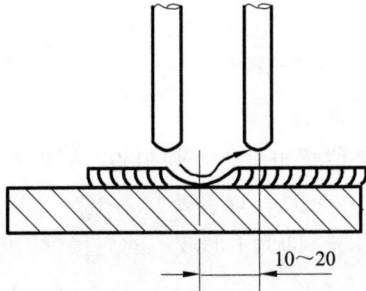

图 2-11 焊道接头的熄弧   图 2-12 划圈收尾法

2) 反复断弧收尾法

焊条移至焊道终点时，在弧坑上需做数次"熄弧—引弧"操作，直至填满弧坑为止，见图 2-13。此法适用于薄板焊接。碱性焊条不宜用此法，因为容易在弧坑处产生气孔。

3) 回焊收尾法

焊条移至焊道收尾处即停止，但未熄弧，此时适当改变焊条位置，将焊条由位置 1 转到位置 2，待填满弧坑后再转到位置 3，然后慢慢拉断电弧，见图 2-14。碱性焊条常用此法熄弧。

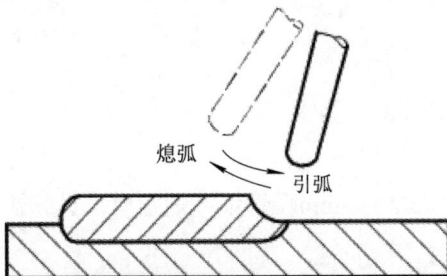

图 2-13 反复断弧收尾法   图 2-14 回焊收尾法

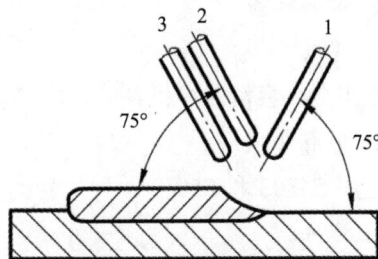

2.2.3　I 形坡口对接焊操作

1. 焊接位置及其表示

熔焊时，焊件接缝所处的空间位置，称为焊接位置。焊接位置可用焊缝倾角和焊缝转角来表示，见图 2-15。

焊缝轴线与水平面之间的夹角，叫作焊缝倾角，见图 2-15(a)。

通过焊缝轴线的垂直面与坡口的两等分平面之间的夹角，叫作焊缝转角，见图 2-15(b)。

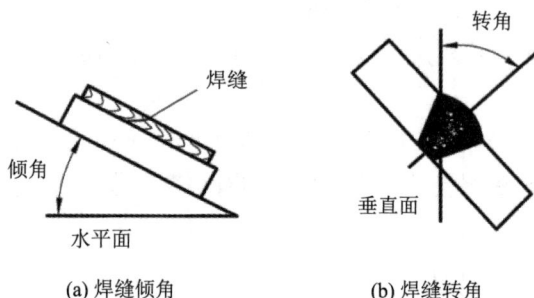

(a) 焊缝倾角　　　　　　(b) 焊缝转角

图 2-15　焊接位置的表示

根据焊缝在空间所处的不同的倾角和转角，焊接位置可分为平焊位置、立焊位置、横焊位置和仰焊位置四种。平焊位置指的是焊缝倾角为 0°～5°、焊缝转角为 0°～10° 的焊接位置，对接平焊是指对接接头在平焊位置的一种操作方法，即为 I 形坡口的对接焊，见图 2-16。

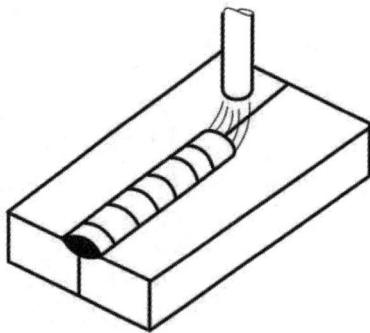

图 2-16　I 形坡口的对接焊

2. 焊前准备

1) 焊机

选用交、直流弧焊机各一台，其参考型号为 BX3-350、ZX5-400。

2) 焊条

选用 E4303 和 E5015 两种型号的焊条，直径为 3.2～4 mm。焊条按规定要求进行烘干。

3) 焊件

采用 Q235A 低碳钢板，厚度为 3～6 mm，钢板表面及对接面处用角向磨光机打磨至露出金属光泽。

4) 辅助工具和量具

角向磨光机、焊条保温筒、錾子、清渣锤、钢丝刷、焊缝万能量规等。

3. 装配及定位焊

不开坡口的对接接头分为无垫板和有垫板两种形式,见图2-17。

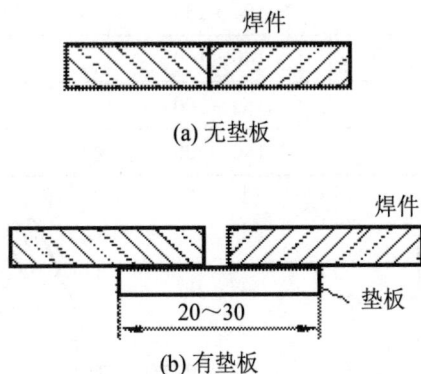

(a) 无垫板

(b) 有垫板

图 2-17 不开坡口的对接接头

焊件装配时,应保证两板对接处齐平,板较厚时应留有一定的间隙,以保证能够焊透。装配间隙的大小取决于焊件厚度,见表2-3。

表2-3 I形坡口对接接头的装配间隙 单位:mm

项　　目	无垫板		有垫板	
焊件厚度	3~3.5	3.5~6	3~4	4~6
装配间隙	0~1	2~2.5	0~2	2~3

焊件的装配间隙用定位焊缝来保证。定位焊缝是指焊前为装配和固定焊件接头的位置而焊接的短焊缝。定位焊缝的长度和间距与焊件厚度有关,见表2-4。

表2-4 定位焊缝的长度与间距 单位:mm

焊件厚度	定位焊缝尺寸	
	长度	间距
3~4	5~10	50~100
4~6	10~15	100~150

4. 对接焊操作

I形坡口对接焊操作与平敷焊相同。对于无垫板的对接接头,首先进行正面焊接,根据不同的板厚,选择对应的焊条直径和焊接电流,见表2-5。当采用较小的装配间隙时,可采用较大的焊接电流;反之,采用较大的装配间隙时,必须采用较小的焊接电流,以避免将焊件烧穿。正面焊缝的熔透深度应达到板厚的 2/3,以保证焊件在厚度上全部焊透。如果达不到熔透深度的要求,可适当增加焊接电流或加大装配间隙。正面焊完后,将焊件翻转,进行反面焊接。此时应该将正面焊接时从间隙中透过来的熔渣清理干净。反面焊接时的焊接工艺参数见表2-5。焊条与工件所成角见图2-18,焊缝外形尺寸的要求见图2-19。

表 2-5　I 形坡口对接接头的焊接工艺参数

焊件厚度 / mm	正面焊接		反面焊接	
	焊条直径/ mm	焊接电流/A	焊条直径/ mm	焊接电流/A
3	3.2	90～120	3.2	90～120
4	3.2	100～130	3.2	100～130
	4	140～160	4	150～170
5	4	160～180	4	160～190
6	4	180～200	4	200～210

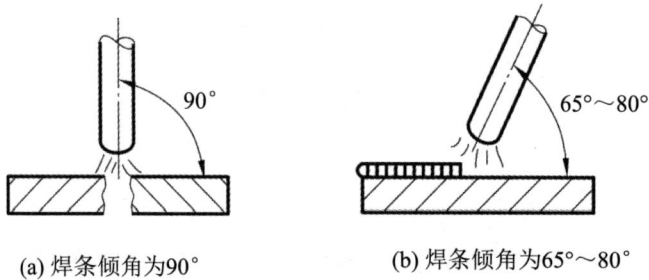

(a) 焊条倾角为90°　　　　　　(b) 焊条倾角为65°～80°

图 2-18　对接焊时焊条的倾角

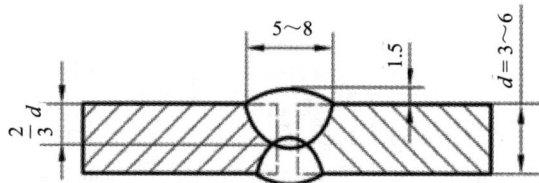

图 2-19　I 形坡口对接焊缝的外形尺寸

　　厚度为 3 mm 的薄板焊件或更薄的焊件，焊接时经常会发生烧穿的现象。此时将焊件一头垫起，使焊缝倾角成 5°～10°，从高往低进行下坡焊，见图 2-20。这样可以提高焊速和减小熔深，防止烧穿，并且焊成的焊缝表面比较光滑平整。但是焊缝倾角也不能太大，否则焊接时熔渣会流向电弧前方，甚至熔化金属会向下漫流，影响焊缝质量。

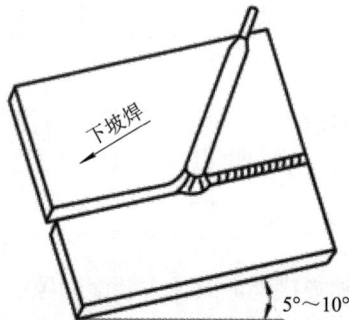

图 2-20　下坡焊操作示意图

2.2.4　角焊操作

1. 角焊的特点

焊接结构中，除了大量采用对接接头，还广泛采用 T 形接头、搭接接头和角接接头等形式，见图 2-21。

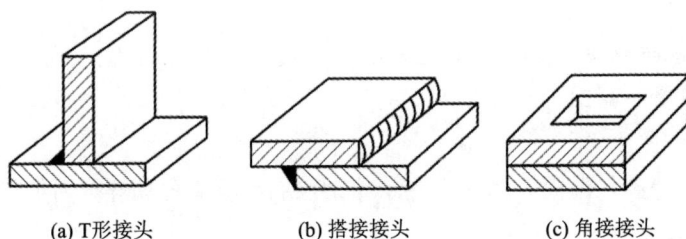

(a) T形接头　　　　　(b) 搭接接头　　　　　(c) 角接接头

图 2-21　接头形式

这些接头形成的焊缝叫角焊缝，角焊缝各部位的名称见图 2-22。进行角焊时，除要求焊接缺陷应在技术条件允许的范围之内外，还要求角焊缝的焊脚尺寸符合技术要求，以保证接头的强度。

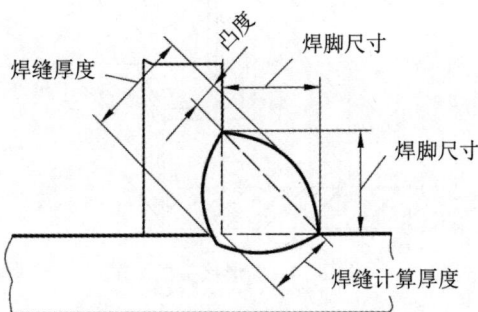

图 2-22　角焊缝各部位的名称

角焊缝按其截面形状可分为四种，见图 2-23。实际操作中应用较多的是截面为等腰直角的角焊缝，焊工在培训过程中应力求焊出这种形状的角焊缝。

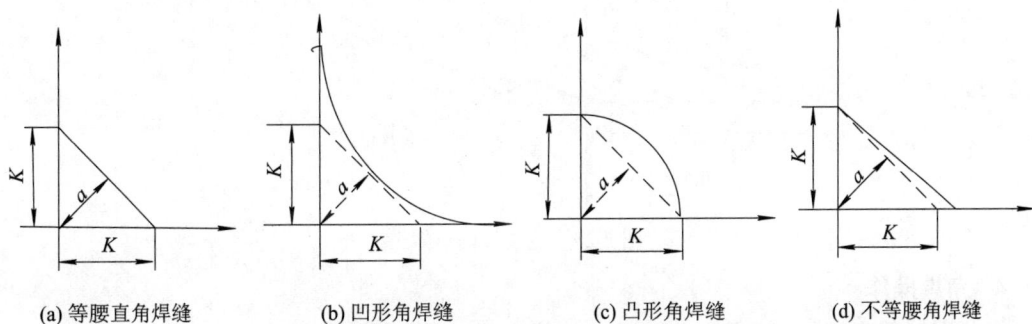

(a) 等腰直角焊缝　　(b) 凹形角焊缝　　　(c) 凸形角焊缝　　　(d) 不等腰角焊缝

图 2-23　角焊缝的截面形状

2. 焊前准备

1) 焊机

选用交、直流弧焊机各一台，其参考型号为 BX3-350 和 ZX5-400。

2) 焊条

选用 E4303 和 E5015 两种型号的焊条，直径为 3.2～5.0 mm。

3) 焊件

采用 Q235A 低碳钢板，厚度为 8～20 mm，长度为 300 mm，宽度为 100 mm。钢板对接处用角向磨光机打磨至露出金属光泽。

4) 辅助工具和量具

角向磨光机、焊条保温筒、角尺、錾子、钢丝刷、清渣锤和焊缝万能量规等。

3. 装配及定位焊

T 形接头的装配方法，见图 2-24。在立板与横板之间预留 1～2 mm 间隙，以增加熔透深度。装配时手拿 90° 角尺，以检查立板的垂直度，然后用直径为 3.2 mm 的焊条进行定位焊。定位焊的位置见图 2-25。

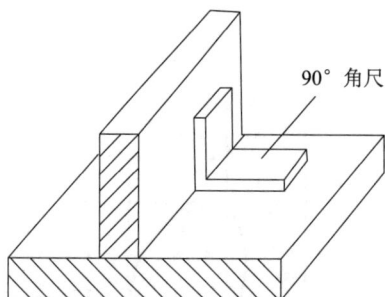

图 2-24　T 形接头的装配

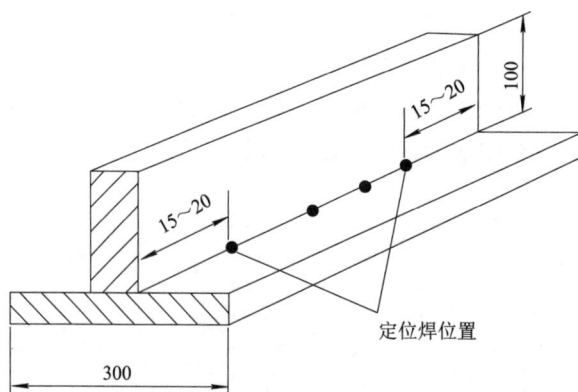

图 2-25　定位焊的位置

4. 角焊操作

角焊时，首先要保证足够的焊脚尺寸。焊脚尺寸值在设计图样上均有明确规定，练习时可参照表 2-6 选择。

表 2-6 角焊缝的焊脚尺寸 单位：mm

钢板厚度	8～9	9～12	12～16	16～20	20～24
最小焊脚尺寸	4	5	6	8	10

角焊操作时，易产生咬边、未焊透、焊脚下垂等缺陷，见图 2-26。

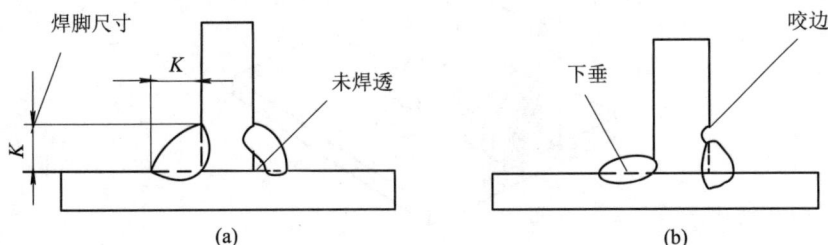

图 2-26 角焊产生的缺陷

1)T 形接头的焊接

T 形接头的焊接方式有单层焊、多层焊和多层多道焊和船形焊。采用哪一种焊接方式取决于焊脚尺寸。通常当焊脚尺寸在 8 mm 以下时，采用单层焊；焊脚尺寸为 8～10 mm 时，采用多层焊；焊脚尺寸大于 10 mm 时，采用多层多道焊。

(1) 单层焊。

由于角焊焊接热量会往板的三个方向扩散，即散热快，不易烧穿，因此使用的焊接电流要比相同板厚的对接平焊大 10%左右。当两板厚度相等时，焊条的角度为 45°，见图 2-27；当两板厚度不等时，应偏向厚板一侧，以便使两板的温度趋向均匀。

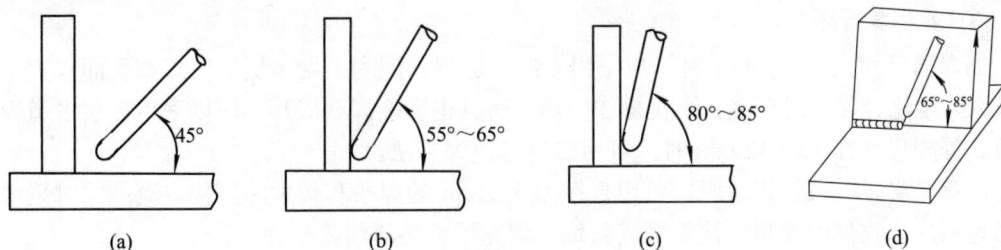

图 2-27 T 形接头角焊时的焊条角度

当焊脚尺寸小于 5 mm 时，可采用直线形运条法和短弧进行焊接，焊接速度要均匀，焊条与横板的夹角为 45°，与焊接方向的夹角为 65°～80°。通常 E5015 焊条采用较大的夹角，E4303 焊条采用较小的夹角。焊条角度过小，会造成根部熔深不足；角度过大，熔渣容易跑到电弧前方形成夹渣。操作时，可以将焊条端头的套管边缘靠在焊缝上，并轻轻地压住它。当焊条熔化时，套管会逐渐沿焊接方向移动，这样不仅操作方便，而且熔深较大，焊缝外形美观。

当焊脚尺寸在 5～8 mm 时，可采用斜圆圈形(见图 2-28)或反锯齿形运条法进行焊接，但要注意各点的运条速度不能一样，否则容易产生咬边、夹渣等缺陷。正确的运条方法是：当焊条从 a 点移动至 b 点时，速度要稍慢些，以保证熔化金属和横板熔合良好；从 b 点至 c 点的运条速度稍快，以防止熔化金属下淌，并在 c 点稍作停留，以保证熔化金属和立板熔合良好；从 c 点至 d 点的运条速度又要稍慢些，这样才能避免产生夹渣现象及保证焊透；由 d 点至 e 点的运条速度也稍快，到 e 点处也稍作停留，如此反复练习。另外，在整个运条过程中应采用短弧焊接，并且最后在焊缝收尾时要注意填满弧坑，以防止出现弧坑裂纹。

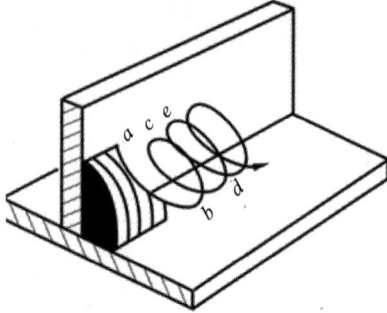

图 2-28　T 形接头平角焊的斜圆圈形运条法

(2) 多层焊。

当焊脚尺寸为 8～10 mm 时，可采用两层两道焊接法。焊第一层时，采用直径为 3.2 mm 的焊条，焊接电流稍大(100～120A)，以获得较大的熔深；同时采用直线形运条法，收尾时应把弧坑填满或略高些，以便在第二层焊接收尾时，不会因焊缝温度增高而产生弧坑过低的现象。焊第二层之前，必须将第一层的熔渣清除干净。当发现有夹渣时，应采用小直径焊条修补后方可焊第二层，这样才能保证层与层之间紧密熔合。焊接第二层时，可采用直径为 4.0 mm 的焊条，焊接电流不宜过大，因为电流过大(160～200A 时)会产生咬边现象；同时采用斜圆圈形运条法，若发现第一层有咬边，则在第二层焊道覆盖上去时应在咬边处适当多停留一些时间，以消除咬边缺陷。

(3) 多层多道焊。

当焊脚尺寸大于 10 mm 时，应采用多层多道焊。因为采用多层焊时焊脚表面较宽，坡度较大，熔化金属容易下淌，不仅操作困难，而且也影响焊缝成形，所以采用多层多道焊较合适。焊脚尺寸在 10～12 mm 时，可用二层三道焊接法。

焊第一层(第一道)焊缝时，可用直径为 3.2 mm 的焊条和较大的焊接电流；同时采用直线形运条法，收尾时要特别注意填满弧坑，焊完后将熔渣清除干净。

焊第二条焊道时，应覆盖第一层焊缝的 2/3 以上，焊条与水平板的角度要稍大些，如图 2-29 中的 a 处所示，一般在 45°～55°，以使熔化金属与水平板熔合良好。焊条与焊接方向的夹角仍为 65°～80°，运条时采用斜圆圈形运条法，运条速度与多层焊时相同，所不同的是在 c、e 点位置(见图 2-28)无须停留。

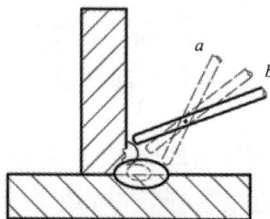

图 2-29　多层多道焊时各焊道的焊条角度

焊第三条焊道时，应覆盖第二条焊道的 1/3～1/2。焊条与水平板的角度为 40°～45°，如图 2-29 中的 b 处所示。如果角度太大，则易产生焊脚下偏现象。运条时仍用直线形运条法，速度要保持均匀，但不宜太慢，否则易产生焊瘤，影响焊缝成形。

如果第二条焊道覆盖了第一层的 2/3 以上，则焊第三条焊道时可采用直线往复形运条法，以免第三条焊道过高。如果第二条焊道覆盖第一条太少，则焊第三条焊道时可采用斜圆圈形运条法，运条时在立板上要稍作停留，以防止咬边，并弥补由于第二条焊道覆盖过少而产生的焊脚下偏现象。

如果焊脚尺寸大于 12 mm 时，可采用三层六道焊或四层十道焊。焊脚尺寸越大，焊接层数、道数就越多。多层多道焊的焊道排列见图 2-30。

(4) 船形焊。

将 T 形接头翻转 45°使焊条处于垂直位置的焊接，叫作船形焊，见图 2-31。采用船形焊时，熔池处在水平位置，相当于平焊，焊成的焊缝质量较好，能避免产生咬边、焊缝不等边等缺陷，操作工艺也较简单。船形焊可使用大直径焊条和大电流，这样不但能获得较大的熔深，而且能一次焊成较大断面的焊缝，从而大大提高焊接效率。船形焊运条时采用月牙形或锯齿形运条法，焊接第一层焊道时采用小直径焊条及稍大的电流，其他各层的焊接与对接平敷焊相似。

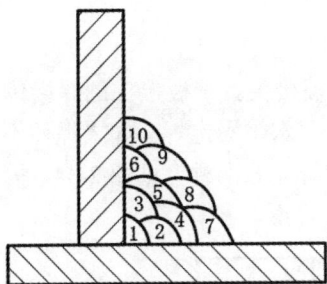

图 2-30　多层多道焊的焊道排列　　　　　图 2-31　船形焊

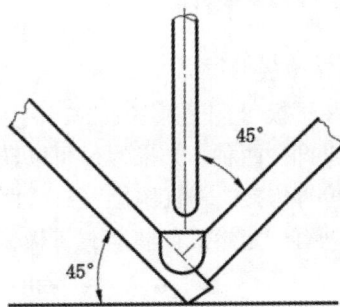

采用船形焊焊成的焊缝呈凹形，如果凹度太大，应在凹处再熔敷一层焊道，以保证焊缝厚度。

2) 搭接接头的焊接

搭接接头的焊接技术与 T 形接头基本相似，主要掌握焊条的角度，基本原则是电弧应更多地偏向厚板的一侧，其偏角的大小可根据板厚来确定，见图 2-32。

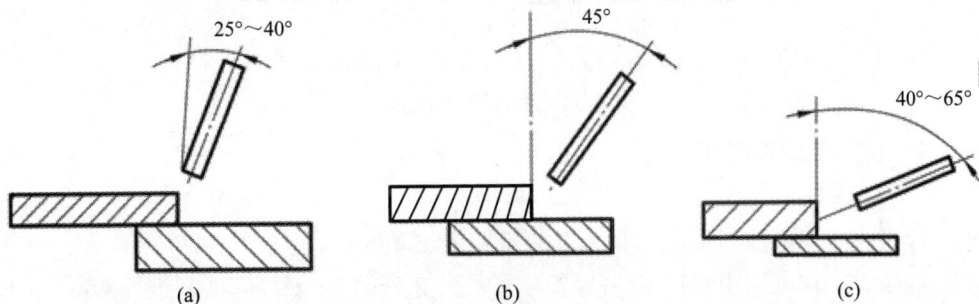

图 2-32　搭接接头焊接时的焊条角度

3)角接接头的焊接

角接接头外侧焊缝的焊接技术与对接接头的焊接技术相似，但此时一块板是立向的，焊接热量分配与对接时不同，故焊条角度与对接时亦应有所区别，目的是使焊件两边得到相同熔化程度，见图 2-33。

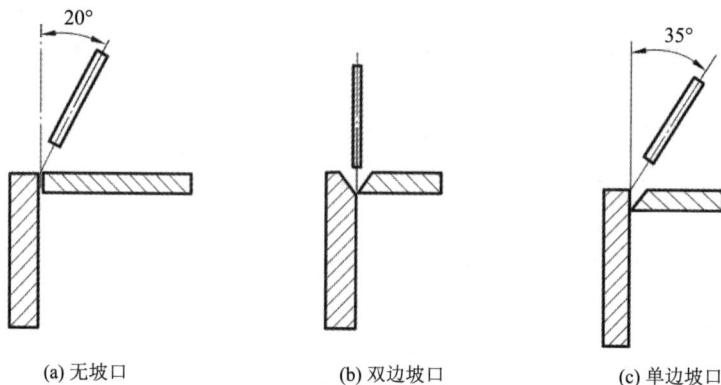

（a）无坡口　　　　　　　（b）双边坡口　　　　　　　（c）单边坡口

图 2-33　角接接头焊接时的焊条角度

2.2.5　垂直管板焊操作

1. 垂直管板焊的特点

由管子和平板(上开孔)组成的焊接接头，叫作管板接头。管板接头的焊接位置可分为垂直俯位和垂直仰位两种。如果焊件可以转动，则可采用水平固定焊；如果焊件不能转动，就需要进行全位置焊接。垂直俯位管板试件分插入式和骑座式两种，见图 2-34。插入式管板试件焊后要求具有一定熔深；骑座式管板试件则要求全焊透。

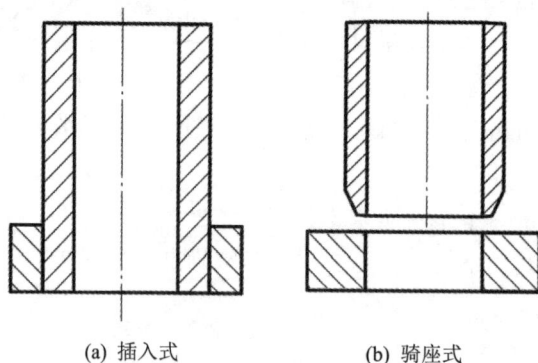

（a）插入式　　　　　　　（b）骑座式

图 2-34　垂直俯位管板试件

2. 插入式管板试件焊接

1) 焊前准备

(1) 焊机。选用直流弧焊机，其参考型号为 ZX5-400。

(2) 焊条。一律采用 E5015 碱性焊条，直径为 2.5～3.2 mm，焊前需进行 400 ℃的烘干处理并将烘干后的焊条存放于焊条保温筒内，随用随取。

(3) 焊件。管子采用外管管径为 30～60 mm、壁厚为 3～5 mm 的无缝钢管，平板采用厚度为 12～16 mm 的 Q235A 低碳钢板，并在钢板上钻孔，孔径应比管径大 0.5 mm，以便管子插入。

(4) 辅助工具和量具。角向磨光机、焊条保温筒、錾子、清渣锤、钢丝刷、焊缝万能量规等。

2) 焊接操作

焊接分两层。先用直径为 2.5 mm 的焊条进行定位焊(定位焊一段的长度为 5～10 mm)，接着在定位焊缝的对面起焊，用直径为 2.5 mm 的焊条进行打底层的焊接，焊接电流为 85～100A，焊条与平板的夹角为 40°～45°，焊条不摆动，操作方法与平面焊基本相同。焊完后用清渣锤进行清渣，再用钢丝刷清扫焊缝表面，然后焊接盖面层。盖面层用直径为 3.2 mm 的焊条，焊接电流为 110～125A，焊条与平板的夹角为 50°～60°。焊接时，焊条做月牙形摆动，以保证一定的焊脚尺寸。插入式管板试件有固定和转动两种形式。对焊工进行培训时，这两种形式都应该进行训练，先练习转动式，再练习固定式，并应以固定式为主，因为这种形式操作难度较大。

3. 骑座式管板试件焊接

焊接前，将管子置于板上，中间留有一定的间隙，管子预先开好坡口，以保证焊透。也就是说，骑座式管板试件焊接属于单面焊双面成形的焊接方法，焊接难度要比插入式管板试件焊接大得多。

1) 焊前准备

焊机型号、焊条型号、焊件材料和规格，以及辅助工具和量具，与插入式管板试件焊接时所采用的相同。但管子应预先采用机加工方法开单边 V 形坡口，坡口角度为 50°，并用角向磨光机在管子端部磨出 1～1.5 mm 的钝边，见图 2-35。

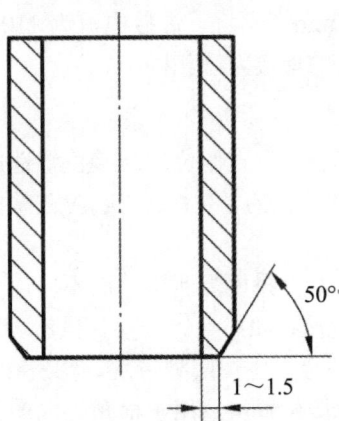

图 2-35　管子的坡口和钝边

2) 装配和定位焊

管子和平板间要预留 3～3.2 mm 的装配间隙，方法是直接用直径为 3.2 mm 的焊芯填在中间。定位焊只焊一点，焊接时用直径为 2.5 mm 的焊条，焊接电流为 80～95A。首先，在间隙下方的平板上引弧，然后迅速地向斜上方拉起，将电弧引至管端，将管端的钝边处局部熔化，在此过程中产生 3～4 滴熔滴，最后立即熄弧，一个定位焊点即焊成。

3) 焊接操作

焊接分两层。打底焊采用直径为 2.5 mm 的焊条，焊接电流为 80～95A，焊条与平板的倾斜角度为 15°～25°，采用断弧法。先在定位焊点上引弧，此时管子和平板之间为固定装配间隙，而间隙中的定位焊芯不必去掉。焊接时，将焊条适当向里伸，听到"噗噗"声即表示已经熔穿。随着金属的熔化，可在焊条根部看到一个明亮的熔池，见图 2-36。每个焊点的焊缝不要太厚，以便下一个焊点在其上引弧焊接，如此逐步进行打底层的焊接。当一根焊条焊接收尾时，要将弧坑引到外侧，否则在弧坑处会产生缩孔。收尾处可用锯条片在弧坑处来回锯几下，再在弧坑处引弧焊接。当焊到管子周长的 1/3 处时，可将间隙中的定位焊芯去掉，继续进行焊接。

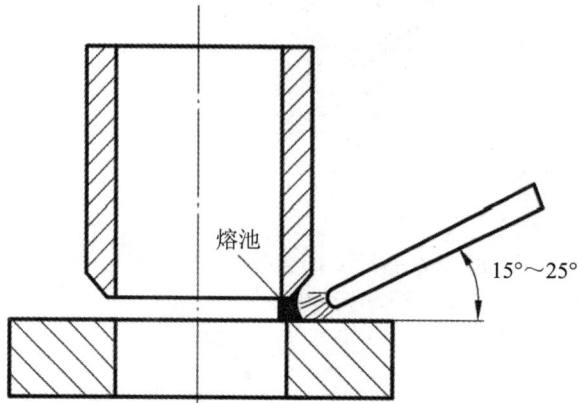

图 2-36　骑座式管板的打底焊

打底层焊完后，可用角向磨光机进行清渣，再磨去接头处过高的焊缝，然后进行盖面层的焊接。盖面层采用直径为 3.2 mm 的焊条，焊接电流为 110～125A，与平板的倾角为 40°～45°，操作方法与插入式管板件的焊接方法相同。

4. 操作注意事项

(1) 管板试件的焊缝是角焊缝，垂直俯位的焊接位置适用于横角焊，但其操作要比 T 形接头的横角焊更困难。所以参加培训的学生(或焊工)应在掌握 T 形接头横角焊的基础上，再进行管板接头的焊接。

(2) 焊接插入式管板试件时，一律要焊两层，而不应用大直径焊条焊一层。因为在实际产品中，这种接头往往要承受内压，如果只焊一层，虽然可以达到所需的焊脚尺寸，但由于焊缝内部存在缺陷，工作时往往会发生焊缝处渗水、渗气和渗油的现象。

(3) 管板试件垂直俯位的焊接位置虽适用于横角焊，但其焊缝轨迹是圆弧形，若操作不当，则在焊接过程中焊条倾角、焊接速度等会发生改变，从而影响焊接质量，所以其难度比焊直缝要大。

(4) 骑座式管板焊接的操作难度比插入式管板大得多，因为其打底焊后形成的焊缝要达到双面成形的要求，并且操作方法与平板对接单面焊双面成形也不一样，学生应在实训过程中注意摸索并逐渐掌握。

2.2.6 立焊操作

1. I 形坡口对接立焊

1) I 形坡口对接立焊的焊接特点

焊缝倾角为 80°～90°、焊缝转角为 0°～180° 的焊接位置叫作立焊位置，见图 2-37。当对接接头焊件板厚小于 6 mm 时，处于立焊位置时的操作，叫 I 形坡口的对接立焊。

立焊时的主要困难是熔池中的熔化金属受重力的作用下淌，使焊缝成形困难，并容易产生焊瘤以及在焊缝两侧形成咬边，由于熔化金属和熔渣在下淌的过程中不易分开，在焊缝中还容易产生夹渣。因此，与平焊相比，立焊是一种操作难度较大的焊接方法。

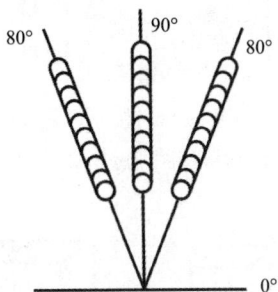

图 2-37　立焊位置

2) 焊前准备

(1) 焊机。选用交、直流焊机各一台，其参考型号是 BX1-330 或 ZX5-400。

(2) 焊条。选用 E4303 酸性焊条和 E5015 碱性焊条两种型号的焊条，直径分别为 3.2 mm 和 4.0 mm。

(3) 焊件。采用 Q235A 低碳钢板，厚度小于 6 mm，长和宽分别为 300 mm、125 mm。

(4) 辅助工具和量具。角向磨光机、焊条保温筒、錾子、清渣锤、钢丝刷、焊缝万能量规等。

3) 焊接操作

立焊的操作方法有两种：一种是由下而上施焊，另一种是由上向下施焊。目前生产中应用较为广泛的是由下而上施焊，学生实训中应以此种施焊方法为重点。

(1) 操作要领。立焊操作时，焊钳夹持焊条后，焊条与焊钳应成一条直线，见图 2-38，焊工的身体不要正对焊缝，要略偏向左侧，以使握焊钳的右手便于操作。

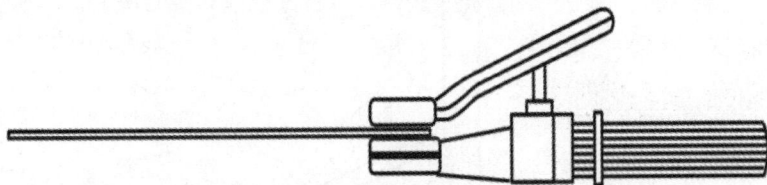

图 2-38　焊钳夹持焊条的形式

① 焊条与两板的夹角都为 90°，与焊缝中心线的夹角为 60°～80°，见图 2-39。

② 焊接时采用较小直径的焊条，常用焊条直径为 2.5～4 mm，很少采用直径为 5 mm

的焊条。

③ 采用较小的焊接电流，通常比对接平焊要小 10%～15%。

④ 尽量采用短弧焊接，即电弧长度应短于焊条直径，利用电弧的吹力托住熔化金属，缩短熔滴过渡到熔池中的距离，使熔滴能顺利到达熔池。

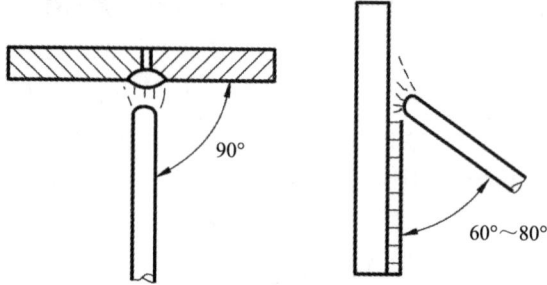

图 2-39 I 形坡口对接立焊的焊条角度

(2) 操作手法。I 形坡口的对接立焊有跳弧法和灭弧法两种操作手法，这两种操作手法的运条方法见图 2-40。

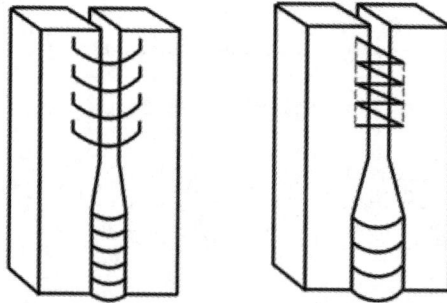

(a) 月牙形运条法   (b) 锯齿形运条法

图 2-40 I 形坡口对接立焊的运条法

① 跳弧法。跳弧法的要领是当熔滴脱离焊条末端过渡到对面的熔池后，立即将电弧向焊接方向提起，使熔化金属有凝固的机会(通过护目镜可以看到熔池中白亮的熔化金属迅速凝固，白亮部分迅速缩小)，随后将电弧拉回熔池，当熔滴过渡到熔池后，再提起电弧。为了不使空气侵入熔池，电弧离开熔池的距离应尽可能短些，最大弧长不应超过 6 mm，见图 2-41。

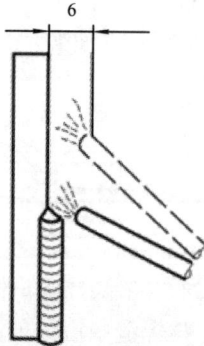

2-41 I 形坡口对接立焊跳弧法

② 灭弧法。灭弧法的要领是当熔滴脱离焊条末端过渡到对面的熔池后,立即将电弧拉断熄灭,使熔化金属有瞬时凝固的机会,随后重新在弧坑处引燃电弧,使"燃弧"和"灭弧"交替进行。灭弧的时间在开始焊接时可以短些,随着焊接时间的增长,灭弧时间也要稍长一些,以避免烧穿及形成焊瘤。在焊缝收尾时,灭弧法用得比较多,因为这样可以避免收弧时熔池宽度增加和产生烧穿及焊瘤等缺陷。

采用跳弧法和灭弧法进行焊接时,电弧引燃后应将电弧稍微拉长,以便对焊缝端头进行预热,然后再压低电弧进行焊接。施焊过程中要注意熔池形状,如发现椭圆形熔池的下部边缘由比较平直的轮廓渐鼓肚变圆(见图 2-42),即表示温度已稍高或过高,此时应立即灭弧,让熔池降温,以避免产生焊瘤。待熔池瞬时冷却后,在熔池处引弧继续焊接。

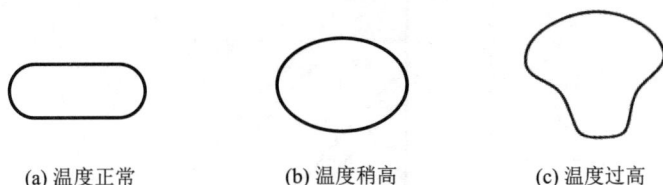

(a) 温度正常　　　　　(b) 温度稍高　　　　　(c) 温度过高

图 2-42　立焊时熔池形状与熔池温度的关系

在焊接接头处进行对接立焊也较困难,容易产生夹渣和焊缝过高凸起等缺陷,因此接头处更换焊条的动作要迅速,并采用热接法。热接法是指先用较长的电弧预热接头处,预热后将焊条移至弧坑一侧,接着进行焊接。焊接时,往往有熔化金属拉不开或熔渣、熔化金属混在一起的现象。这种现象主要是由于接头处更换焊条的时间过长,引弧后预热时间不够以及焊条角度不正确而引起的,此时必须将电弧稍微拉长一些,并适当延长在接头处的停留时间,同时将焊条角度增大(与焊缝 90°),使熔渣自然滚落下来,便于焊接。

2. 厚板对接立焊

1) 厚板对接立焊的焊接特点

厚板开坡口的目的是使焊件在厚度方向上全焊透。焊层分为打底层、填充层和盖面层三个层次。打底层焊道要求能熔透焊件根部,所以是一种单面焊双面成形的操作工艺。

2) 焊前准备

(1) 焊机。采用直流焊机,其参考型号是 ZX5-400。

(2) 焊条。选用 E5015 碱性焊条,直径为 3.2 mm。

(3) 焊件。采用 Q235A 低碳钢板,尺寸为 10 mm×125 mm×300 mm,开 60° Y 形坡口,钝边尺寸为 0,反变形角为 2°,起弧端和收弧端的装配间隙分别为 2.5 mm 和 3.0 mm。

(4) 焊接工艺参数。各层次的焊接工艺参数见表 2-7。

表 2-7　厚板对接立焊的焊接工艺参数

工艺参数	焊层		
	打底层	填充层	盖面层
焊条直径/ mm	3.2	3.2	3.2
焊接电流/A	70～80	100～120	90～100

3) 焊接操作

(1) 打底层的焊接。引燃电弧后,以锯齿形运条做横向摆动并向上施焊。焊条的下倾角为 45°～60°,待电弧运动至定位焊点上边缘时,焊条倾角也相应变为 90°,见图 2-43。同时将弧柱尽力往焊缝背面送入,当电弧从坡口的一侧向另一侧运行时,如果听到穿透坡口的"噗噗"声,则表示根部已经熔透。焊接时采用断弧法,灭弧动作要迅速,灭弧时间应控制到熔池中心的金属尚有 1/3 未凝固,就重新引燃电弧。

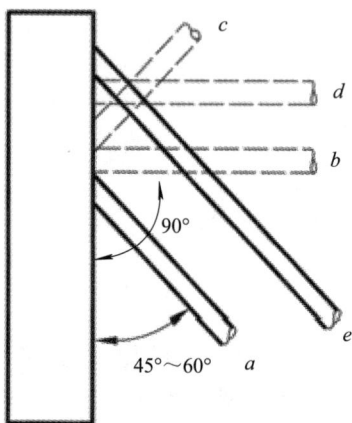

图 2-43   打底层焊接的焊条角度

每当电弧移到坡口左(右)侧的瞬间,在左(右)侧可看到坡口根部被熔化的缺口,缺口的深度应控制在 0.8～1 mm,见图 2-44。熔孔大小应保持均匀,孔距一致,以保证根部熔透均匀,背面焊缝饱满,宽窄、高低均匀。立焊节奏比平焊稍慢,约每分钟灭弧 30～40 次。每点焊接时,电弧燃烧时间稍长,所以焊肉比平焊厚。操作时应注意观察和控制熔池形状及焊肉的厚度。若熔池的下部边缘由平缓变得下凸,即由图 2-45(a)变成图 2-45(b)时,说明熔池温度过高,熔池金属过厚。此时应缩短电弧燃烧时间,延长灭弧时间,以降低熔池温度,使熔化金属不因下坠而出现焊瘤。焊条接头处的操作要领与平焊基本相同,但换焊条后重新引弧的位置应在离熔池末尾 5～6 mm 的焊道上。在保证背面成形良好的前提下,焊道越薄越好,因为焊道过厚容易产生气孔。

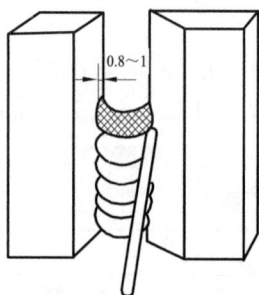

图 2-44   熔孔位置及大小

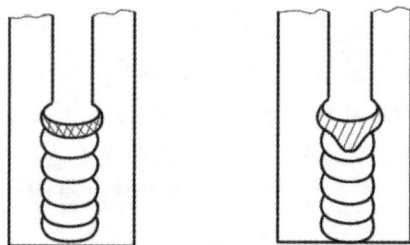

(a) 温度合适呈椭圆形   (b) 温度过高边缘下凸

图 2-45   熔池边缘的形状

(2) 填充层的焊接。焊条的下倾角为 70°～80°,电弧在坡口两侧停留的时间应稍长。为避免产生夹渣、气孔等内在缺陷,施焊时应压低电弧,以匀速向上运条。

(3) 盖面层的焊接。焊条的下倾角为 45°～60°，运条方法可根据对焊缝余高的不同要求加以选择。如果要求余高稍大，则焊条可做月牙形摆动；如果要求稍平，则焊条可做锯齿形摆动。运条速度均匀，摆动要有规律。如图 2-46 所示，运条到 a、b 两点时，应将电弧进一步缩短并稍作停留，以利于熔滴过渡并防止咬边。从 a 摆动到 b 的速度应稍快些，以防止产生焊瘤。有时盖面层焊缝也可采用稍大的电流，用快速摆动法采用短弧运条，使焊条末端紧靠熔池快速摆动，并在坡口边缘稍作停留，以防咬边。这样焊出的盖面层焊缝不仅焊肉较薄，而且焊波较细，平整美观。

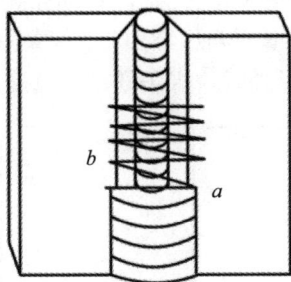

图 2-46　盖面层的运条法

3. 立角焊

1) 焊前准备

T 形接头焊件处于立焊位置时的焊接操作，叫作立角焊。

(1) 焊机。采用直流焊机，其参考型号是 ZX5-400。

(2) 焊条。选用 E5015 碱性焊条，直径分别为 3.2 mm、4 mm。

(3) 焊件。采用 Q235A 低碳钢板，尺寸为 10 mm × 125 mm × 300 mm。

(4) 焊接工艺参数。立角焊的焊接工艺参数见表 2-8。

表 2-8　立角焊的焊接工艺参数

工艺参数	焊层			
	第一层焊缝	其他各层焊缝		封底焊缝
焊条直径/mm	3.2	4	4	3.2
焊接电流/A	90～120	120～160	120～160	90～120

2) 焊接操作

立角焊与对接立焊的操作有相似之处，如都应采用小直径焊条和短弧焊接。其本身的操作特点如下：

(1) 由于立角焊电弧的热量向焊件的三个方向传递，散热快，因此在与对接立焊相同的条件下，焊接电流(见表 2-8)稍大些，以保证两板熔合良好。

(2) 焊接过程中应保证焊件两侧均匀受热，所以应注意焊条的位置和倾斜角度。如果两焊件板厚相同，则焊条与两板的夹角应左右相等，而焊条与焊缝中心线的夹角保持 75°～85°，见图 2-47。

(3) 立角焊的关键是控制熔池金属，焊条要按熔池金属的冷却情况有节奏地上下摆动。

施焊过程中，当引弧后出现第一个熔池时，电弧应较快地提高，当看到熔池瞬间冷却成为一个暗红点时，应将电弧下降到弧坑处，并使熔池下落处与前面熔池重叠 2/3，然后再提高电弧，这样就能有节奏地形成立角焊缝。操作时应注意，如果前一个熔池尚未冷却到一定程度，就急忙下降焊条，会造成熔滴之间熔合不良；如果焊条的位置放得不正确，会使焊波脱节，影响焊缝美观和焊接质量。

(4) 焊条的运条方法应根据不同板厚和焊脚尺寸进行选择。对于焊脚尺寸较小的焊缝，可采用直线往复运条法；对于焊脚尺寸较大的焊缝，可采用月牙形、三角形和锯齿形等运条法，见图 2-48。为了避免出现咬边等缺陷，除选用合适的电流外，焊条在焊缝的两侧边缘应稍停留片刻，使熔化金属能填满焊缝两侧边缘部分。焊条摆动的宽度应不大于所要求的焊脚尺寸，例如要求焊出 10 mm 宽的焊脚时，焊条摆动的宽度应在 8 mm 以内。

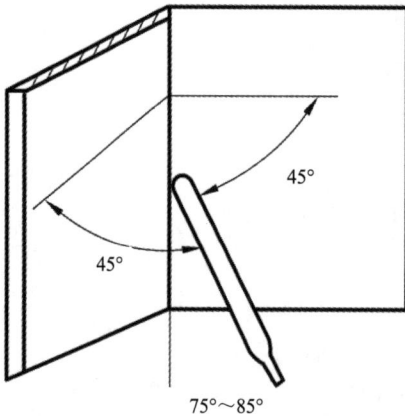

图 2-47　立角焊的焊条位置　　　　　　图 2-48　立角焊的焊条摆动方法

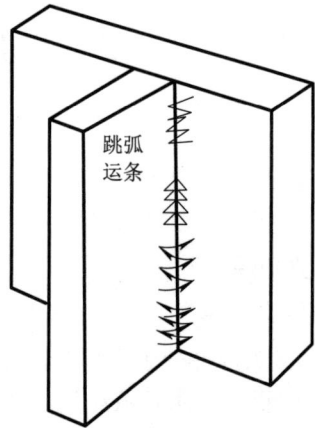

(5) 当局部间隙超过焊条直径时，可预先采取向下立焊的方法，使熔化金属把过大的间隙填满后，再进行正常焊接。这样做一方面可提高效率，另一方面还可大大减少金属的飞溅和电弧的偏吹(由两板连接窄缝中的气流所引起的电弧偏吹)。

第 3 章　气割与手工气焊

气割的实质是金属在氧气中的燃烧过程。气割是指利用可燃气体和氧气混合燃烧形成的预热火焰，将被切割金属材料加热到燃点，被加热到燃点的金属材料在高速喷射的氧气流的作用下，就会发生剧烈燃烧，产生氧化物，放出热量，同时氧化物熔渣被氧气流从切口处吹掉，从而将金属分割开来的一种切割方法。

气焊是利用可燃气体与氧气混合燃烧生成的火焰作为热源，将金属焊接在一起的一种焊接方法。

3.1　气割基础知识

1. 气割设备与工具

气割的设备与工具主要包括氧气瓶、溶解乙炔气瓶、减压器、乙炔发生器、回火保险器、输气胶管、割炬等。半自动气割设备还包括气割小车。

(1) 氧气瓶。氧气瓶是储存和运输氧气的高压容器，瓶内氧气压力一般为 15 MPa，它的构造如图 3-1 所示，外表规定为天蓝色，并用黑色标写"氧气"字样。

氧气瓶最好固定斜置使用，如图 3-2 所示。开启瓶阀时，不要面对出气口和减压器，以防伤人。

(2) 溶解乙炔气瓶。溶解乙炔气瓶是储存和运输乙炔气的压力容器，瓶内气体压力一般为 1.5MPa，它的构造如图 3-3 所示，气瓶外表规定为白色，并用红色标写"乙炔"和"严禁明火"字样。

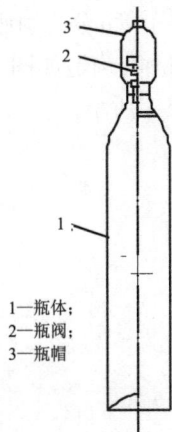

1—瓶体；
2—瓶阀；
3—瓶帽

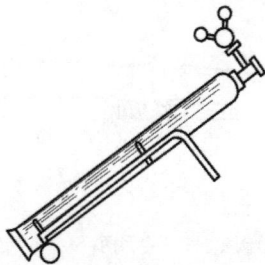

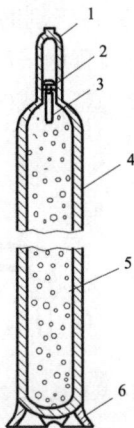

1—瓶帽；
2—瓶阀；
3—石棉；
4—瓶体；
5—多孔性填料；
6—瓶座。

图 3-1　氧气瓶的构造示意图　　图 3-2　氧气瓶斜置使用示意图　　图 3-3　溶解乙炔气瓶的构造示意图

溶解乙炔气瓶应直立放置使用，其温度不能过低，否则影响充分使用瓶内的乙炔，但温度也不得过高，高温会降低乙炔的溶解度，易使瓶内乙炔气的压力剧增，甚至发生爆炸。

(3) 减压器。减压器起减压和稳压作用，减压器上有两只压力表，一只为高压表，显示气瓶内的压力；另一只为低压表，显示气体的工作压力。氧气减压器的构造如图 3-4 所示，其外表规定为天蓝色。

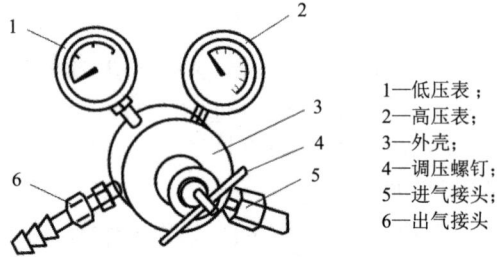

1—低压表；
2—高压表；
3—外壳；
4—调压螺钉；
5—进气接头；
6—出气接头

图 3-4　氧气减压器构造示意图

乙炔减压器的构造和氧气减压器的构造基本相同，只是多了一个特殊的夹环，如图 3-5 所示，其外表规定为白色。乙炔减压器压力表表盘上的红线刻度表示最大的许可工作压力，使用时应严格控制。

1—固紧螺钉；
2—夹环；
3—连接管；
4—乙炔减压器。

图 3-5　带夹环的乙炔减压器示意图

(4) 氧气胶管和乙炔胶管。规定氧气胶管为红色，允许工作压力为 1.5 MPa。乙炔胶管为黑色，允许工作压力为 0.5 MPa。在使用过程中，要防止胶管与酸、碱、油类及其他有机溶剂等有腐蚀作用的物质接触，还要防止胶管被砸、被压及发生自身折叠。

(5) 割炬。它是气割的主要工具，按可燃气体和氧气的混合方式不同，可分为射吸式和等压式两种。目前普遍采用射吸式割炬，其特点是可使用中、低压乙炔，其构造如图 3-6 所示。割嘴主要分为整体式(梅花形割嘴)和组合式(环形割嘴)两种，如图 3-7 所示。

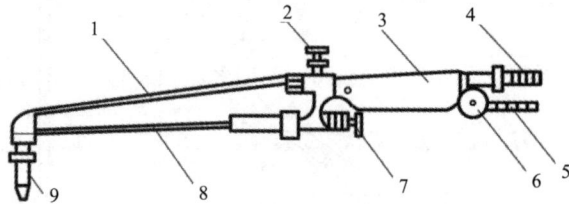

1—切割氧管；2—切割氧气调节阀手轮；3—手柄；4—氧气接头；5—乙炔接头；
6—乙炔开关；7—预热氧气调节阀手轮；8—混合气管；9—割嘴。

图 3-6　射吸式割炬

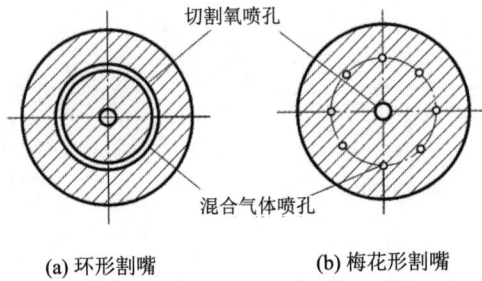

(a) 环形割嘴　　　　　(b) 梅花形割嘴

图 3-7　割嘴形式

等压式割炬的构造如图 3-8 所示。其特点是：火焰燃烧稳定，不易回火，但不能使用低压乙炔(一般使用瓶装乙炔气)。

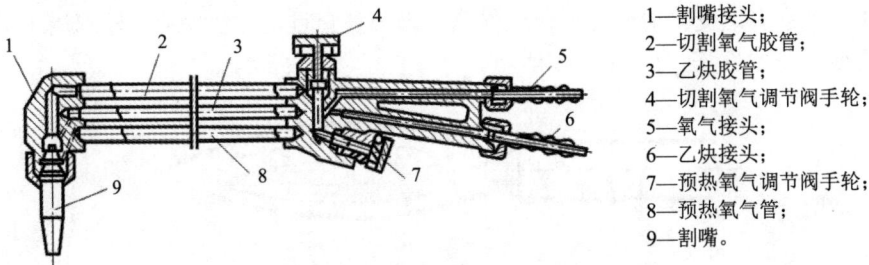

1—割嘴接头；
2—切割氧气胶管；
3—乙炔胶管；
4—切割氧气调节阀手轮；
5—氧气接头；
6—乙炔接头；
7—预热氧气调节阀手轮；
8—预热氧气管；
9—割嘴。

图 3-8　等压式割炬

手工气割设备及工具的连接如图 3-9 所示。

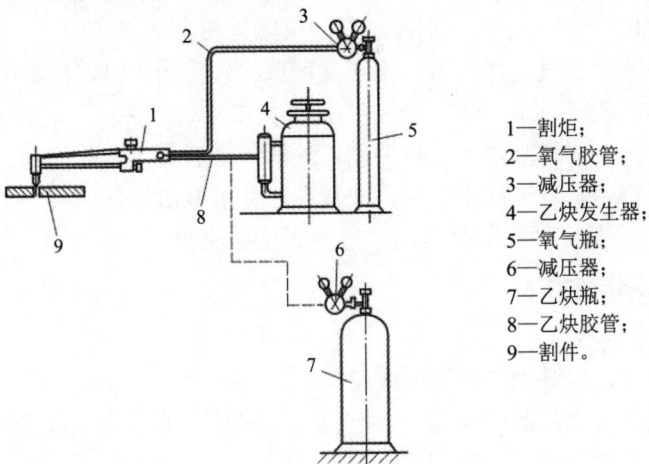

1—割炬；
2—氧气胶管；
3—减压器；
4—乙炔发生器；
5—氧气瓶；
6—减压器；
7—乙炔瓶；
8—乙炔胶管；
9—割件。

图 3-9　手工气割设备及工具的连接示意图

2. 割炬的使用方法

(1) 检查割炬的射吸性能。检查射吸性能的示意图如图 3-10 所示，将射吸式割炬的氧气接通，扭开预热氧气调节阀手轮，用左手拇指轻触乙炔接头，若手指感觉到有吸力，则说明射吸性能良好。

(2) 点火。先稍打开预热氧阀，再打开乙炔气阀，即可点火，点火时手应在侧面，防止烧伤。

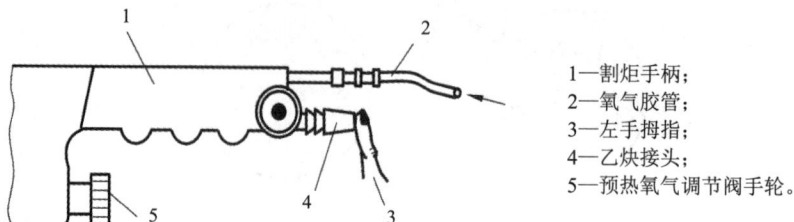

1—割炬手柄；
2—氧气胶管；
3—左手拇指；
4—乙炔接头；
5—预热氧气调节阀手轮。

图 3-10　检查射吸性能的示意图

(3) 调整火焰。气割时一般采用中性焰，预热火焰的能率主要取决于被切割工件的厚度，厚板需要火焰能率大，薄板则可选用能率小的火焰。在调整预热氧气阀和乙炔气体流量的过程中，应注意观察火焰变化情况，当调至内焰与焰心重合且呈白色明亮、轮廓清晰的环形火焰时，则说明已是中性焰，如图 3-11 所示。

图 3-11　气割中性焰示意图

(4) 调整切割氧流(风线)。预热火焰调整好以后，打开切割氧阀，观察风线形状，当风线偏移轴线时，应调整内外嘴的同心度，风线不规则时应用通针穿过通风孔，对风线进行调整。风线的长短和割件厚度成比例，割件越厚，风线越长。

(5) 处理回火现象。在气割过程中，由于某种原因发生回火时，应立即关闭切割气阀，随后关闭乙炔调节阀，最后关闭预热氧阀。应严格按上述顺序关阀，动作要迅速。

(6) 结束气割。先关闭切割氧阀，再关闭乙炔阀，最后关闭预热氧阀。

(7) 维护和保管割炬。当风线不直时，严禁在工件上敲击调整。割炬用后要妥善保管，防止砸、压或用割炬敲打工件和氧化渣。严禁割炬接触油脂。

3. 气割的安全操作技术

1) 氧气瓶的安全使用

(1) 搬运氧气瓶时，应避免剧烈震动或碰撞。

(2) 禁止氧气瓶和可燃物品(如溶解乙炔气瓶、油脂等)同车搬运或存放在一起，不准氧气瓶沾有油脂。

(3) 取瓶帽时，只能用手或专用扳手旋取，不得用手锤或其他铁器敲击。

(4) 氧气瓶直立放置时，必须放稳，防止跌倒，最好固定斜置使用，避免卧置使用，严禁用氧气瓶作为接地的导电体。

(5) 氧气瓶与乙炔发生器、高温热源或其他明火的距离应不小于 10 m。

(6) 开启氧气瓶阀时，不允许开启过快，以防止产生静电火花而引起爆炸。开启时，人不要面对出气口和减压器。

(7) 夏季使用氧气瓶时要防暴晒；冬季使用时，若发现氧气瓶嘴冻结，不得用火烤，可用热水解冻。

(8) 氧气瓶内的氧气不允许用尽，要求留 1～2 MPa，而且用后要关紧阀门，防止漏气。

(9) 开启氧气阀时，要开到底，带紧密封垫，以防漏气，开启及关闭阀门时不要用力过大，防止将阀门扳坏。

(10)要按易燃易爆压力容器的使用要求，对氧气瓶定期进行安全检查。

2) 溶解乙炔气瓶的安全使用

使用溶解乙炔气瓶时，除必须遵守使用氧气瓶的有关要求外，还必须注意以下几点：

(1) 溶解乙炔气瓶不允许受到剧烈震动或撞击，以免瓶内的多孔性填料下沉而形成空洞，影响乙炔的贮存。

(2) 溶解乙炔气瓶使用和存放时，应直立放置，这是因为卧置时瓶内丙酮、乙炔会流出，甚至会通过减压器流入乙炔胶管和割炬内而造成危险。

(3) 存放溶解乙炔气瓶的库房应注意通风，防止泄漏的乙炔气滞留而遇明火爆炸。

(4) 乙炔减压器与溶解乙炔气瓶的连接必须可靠，严禁在漏气的情况下使用。

(5) 溶解乙炔气瓶的温度不应过高，温度过高会降低乙炔的溶解度，从而使瓶内乙炔气的压力急剧增高而产生爆炸。

(6) 使用溶解乙炔气瓶时，应按使用压力安装相应的岗位式回火保险器。

(7) 冬季使用溶解乙炔气瓶时，要防止瓶温过低而影响乙炔的分解。当温度低而乙炔压力不足时，可将气瓶搬入室内，使瓶温正常后再使用，以便充分使用瓶内的乙炔气。

(8) 溶解乙炔气瓶内的气体严禁用尽，要留 0.1～0.2MPa，而且用后要将瓶阀压紧帽关紧，防止漏气。

3) 氧气减压器的安全使用

(1) 安装减压器前，先检查接头丝扣有无损坏，以防安装不牢，检查表针是否处于零位，然后打开氧气阀门，将气嘴内的灰尘、污物等吹掉，以防杂物进入减压器内，损坏减压器。

(2) 安装好减压器，开启氧气阀门前，应先将减压器的调压螺钉旋松，使其处于非工作状态，以防止开启氧气阀门时损坏减压器。

(3) 严禁减压器沾有油脂。

(4) 开启氧气瓶时应缓慢进行，以防开得过快，高压气体损坏减压器。

(5) 开启氧气阀后，应注意检查减压器各部位是否有漏气现象，压力表工作是否正常。

(6) 调节工作压力时(顶风)，应缓慢地旋紧调压螺钉，防止高压气体冲坏弹簧、薄膜装置或使低压表损坏。

(7) 减压器在使用过程中，若发生冻结现象，则应用温水解冻，不得用火烤。

(8) 氧气减压器和乙炔减压器严禁相互换用。

(9) 停止工作时，应先将减压器的低压调压螺钉松开，放出割炬内的余气，再松开高压调压螺钉，最后再关闭瓶阀，防止减压器内存有气体和拆卸减压器时损坏丝扣或伤人。

(10) 减压器必须定期检修，其上的压力表必须定期检验，以确保压力的准确性。

3.2 气割操作指导

3.2.1 气割前准备

1. 常用切割线符号

号料时要划出切割线，并且用符号表示出来，表 3-1 是常用的切割线符号，仅供参考。

表 3-1　常用切割线符号

名称与符号		说明
割断线		在线上打样冲眼或斜线表示
割除线	(a)　(b)　(c)	(a) 中部切除 (b) 沿方口外部切除 (c) 沿方口内部切除

2. 气割操作姿势

根据被切割工件所在的空间位置、切口的形式和切口的长短，气割操作姿势多种多样，最基本的是"抱割法"和"依托气割法"。

(1) 抱割法。抱割法是右手把住割把，并以中指靠扶预热氧气调节阀，以便随时调整预热火焰和回火时能及时切断预热氧。左手的大拇指和食指把握切割氧气调节阀，其余三指托住混合气管并掌握按线气割的方向。"抱割法"一般是从右向左进行气割的。

(2) 依托气割法。为了提高气割质量，使切口更直，角度一致，在抱割法的基础上，可采用靠尺或临时胎板等辅助工具进行气割，这种方法即依托气割法。

3. 气割前的准备工作

(1) 熟悉气割工艺。

(2) 垫高、放稳工件，清除污物。

(3) 检查并复验切割线的尺寸。

(4) 选用气割方法，选择割炬和割嘴。

(5) 准备导轨、规架等辅助工具。

(6) 连接设备及工具(气瓶、乙炔发生器、割炬等)。

(7) 向气割场地洒水，防止吹起尘土。

(8) 准备遮挡板，防止飞溅。

(9) 准备通风排烟设施。

(10) 调试火焰能率及风线等工艺参数。

4. 气割操作要点

(1) 在气割过程中，要使割嘴与工件表面距离保持均匀一致，以保证切口宽窄一致。割嘴与工件表面的距离主要根据被切割工件的厚度确定，见表 3-2。

表 3-2　割嘴与工件表面的距离　　　　　　　单位：mm

被切割工件的厚度	3～5	6～12	12～42	42～80	80～100
割嘴与工件表面的距离	4～5	5～7	7～9	8～12	10～14

(2) 气割时，要使割嘴与工件切口两侧保持垂直，如图 3-12 所示，以保证切割面的垂直。

(3) 在气割长直线缝时，随着气割过程的进行，操作者的身体不能弯得太低，沿气割方向不能倾斜太大，因此，要求每次移动距离要适中，一般移动距离为 300～500 mm。在移动前，将割嘴沿切口方向往回带，并立即抬起。如果移动速度快，则可不关闭切割氧，立即将割嘴风线沿切口返回气割处继续气割。但在移动气割板的位置时，一般都要关闭切割氧，并重新预热气割。

(4) 气割过程中，操作者的眼睛要始终注意割嘴和切割线的相对位置，注意割透及后拖量的大小，如图 3-13 所示。如果后拖量大或割不透时，应放慢切割速度或提高切割氧的压力。

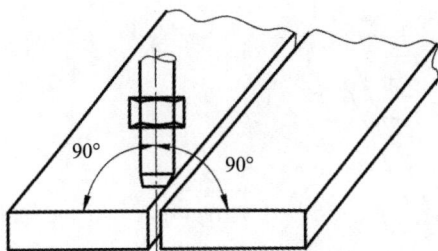

图 3-12　割嘴角度

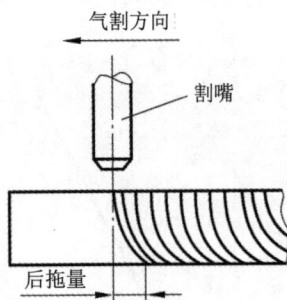

图 3-13　气割后拖量示意图

(5) 气割时，切口应留半个样冲眼。

(6) 气割前，应认真复查划线尺寸，交叉切口处的样冲眼是否符合要求。

(7) 气割薄板时，要保持割嘴沿气割方向向后倾斜一致。

(8) 气割直线时，正确的气割顺序是：先割长缝，后割短缝，应在交叉切口处停割，避免停在交叉切口的两边。

(9) 气割打孔的操作方法。从中间气割厚板时，一般先气割打孔，然后引到起割处，气割打孔的具体操作步骤是：

① 在靠近起割处的余料部位打孔(在不造成切割缺陷的基础上，应尽可能靠近起割线)。

② 气割打孔时，割嘴应偏斜一定角度，以免熔渣飞出，但偏斜方向不要对着切口，打孔后引入切割线，割嘴转为垂直角度，进行正常气割。

③ 在切割线上气割打孔。如果打孔必须在切割线上进行时，割嘴应向气割方向倾斜，而且在不影响排渣的基础上，尽量使割嘴距工件表面近些，以减小气割打孔的尺寸。

3.2.2　薄板的气割操作

1. 薄板气割特点

薄板受热较快，散热慢，气割变形大，气割时易造成切口正面棱角被熔化，而且背面熔渣不易吹除或清除。如果工艺参数选用不当，气割时易出现割开后又熔合在一起的现象。

2. 薄板气割工艺参数

手工气割 4 mm 以下的钢板时选用的工艺参数见表 3-3。

表 3-3　手工气割薄板的工艺参数

割炬型号	割嘴号码	氧气压力/MPa	切割速度/(m/min)	割嘴与工件距离/mm	后倾斜角度/°
G01-30	1	0.3～0.4	0.5～0.7	8～14	30°～45°

3.2.3　中厚板的气割操作

中厚板的长直缝气割一般均采用半自动气割，也可以采用手工气割。短直缝则采用手工气割。

1. 中厚板手工气割

为了保证切口质量，能够放置靠尺的，均应采用依托气割法，如图 3-14 所示。

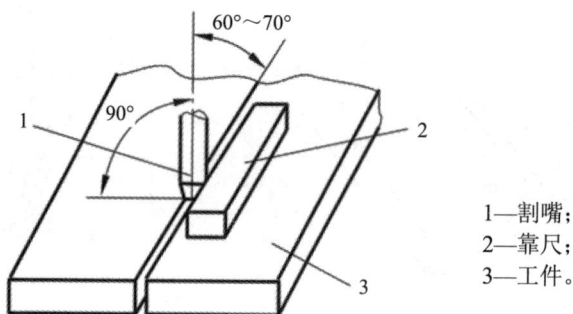

1—割嘴；
2—靠尺；
3—工件。

图 3-14　依托气割法示意图

(1) 起割方法。在工件边缘棱角处起割，起割预热时，割嘴要和工件表面保持垂直(见图3-15(a))，预热至燃点后，将割嘴沿气割方向倾斜一定角度，打开切割氧进行气割(见图3-15(b))，最后割嘴与七个方向的夹角逐渐变为90°，以割透工件(见图 3-15(c))。

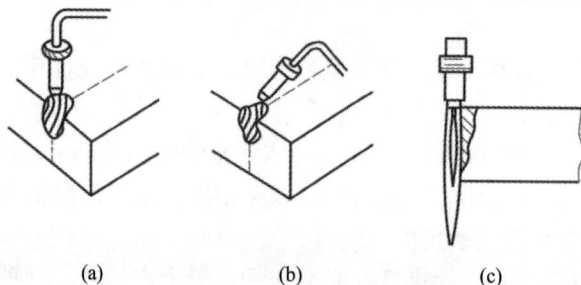

(a)　　　(b)　　　(c)

图 3-15　手工气割起割方法示意图

(2) 中厚板手工气割工艺参数见表 3-4。

表 3-4　中厚板手工气割的工艺参数

板厚/ mm	割炬型号	割嘴号码	氧气压力/MPa	切割速度/(m/min)
5～8	G01-30	1	0.4	0.4～0.6
8～16	G01-30	1	0.4～0.5	0.3～0.4
16～25	G01-30	2	0.45～0.5	0.25～0.3

(3) 气割过程中应注意的事项:

① 发现未割透时，应立即停割，以免气体涡流在切口中旋转，造成切口表面出现凹坑。

② 大厚件或短缝中途停割后重新起割时，在条件允许的情况下，应尽量选择另一方向作为起割点。

③ 工件越厚，使用的氧气的压力越大，反作用力也越大，此时应防止割炬抖动，以保证割嘴和工件表面垂直。

④ 气割临近终点时，割嘴应逐渐向气割方向后倾一定角度，并适当放慢割速，以便使钢板下部提前割透，如图 3-16 所示。

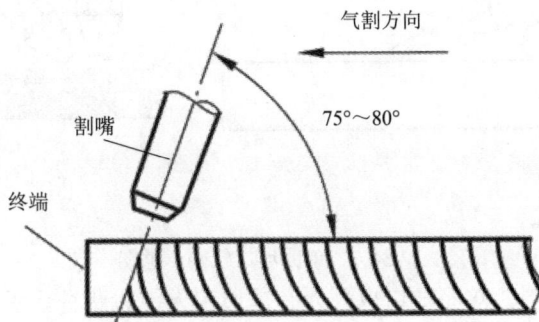

图 3-16　临近终点时割嘴的角度

2. 中厚板半自动气割

(1) 割前准备。

① 按切割线铺设导轨，并将气割小车放在导轨上。

② 使割嘴对准切割线，调好割嘴到工件表面的距离。

③ 合闸送电。

④ 预调割速，将割嘴扳斜一定角度，点火，调试火焰能率和风线。

⑤ 关闭切割氧，使割嘴恢复垂直位置并紧固。

(2) 起割。起割时，使预热火焰对准起割处，预热至燃点，打开切割氧，扳动半自动气割的小车开关，进入正常气割。

(3) 气割工艺参数。中厚板半自动气割操作过程中，注意观察气割情况，随时调整气割工艺参数，工艺参数见表 3-5。

半自动气割时，应准备两段导轨，以便交替使用。气割结束后，关闭气割机火焰和电源，拆搬设备，清理作业现场。

表 3-5　中厚板半自动气割的工艺参数

板厚/ mm	割嘴号码	氧气压力/MPa	切割速度/(m/min)
8～16	1	0.4～0.5	0.9～1.5
20～25	1	0.5～0.6	0.6～1.2
30～40	2	0.6～0.7	0.5～1.0

3. 坡口的气割

(1) 单面坡口的气割。单面坡口主要分为有钝边和无钝边两种。手工气割时应尽量采用依托架，如图 3-17(a)所示。

对于有钝边要求的单面坡口，手工气割时必须先割直边再割坡口斜面；采用半自动气割机时，则可使用双割嘴同时割出，如图 3-17(b)所示。

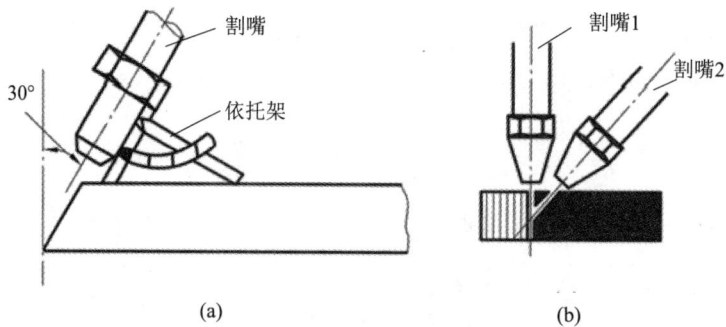

图 3-17　单面坡口气割示意图

(2) 双面坡口的气割。双面坡口也分为有钝边和无钝边两种。手工气割坡口时，要求钢板两面都划出坡口线，按线及角度分别割出。

使用半自动气割机气割时，可采用双割嘴同时割出，如图 3-18(a)所示。对于有钝边要求的坡口，可采用如图 3-18(b)所示的加工方法。坡口气割的工艺参数主要根据坡口斜面的尺寸(相当于气割厚度)来选择。

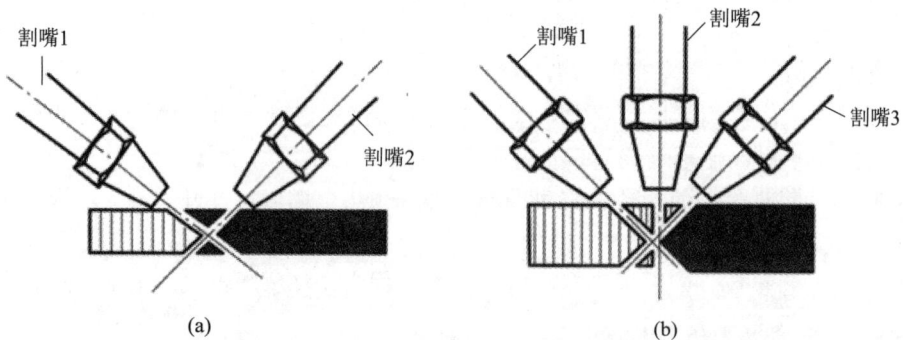

图 3-18　双面坡口气割示意图

3.2.4　曲线的气割操作

对于曲线的气割，根据工件的数量和曲率的大小以及规则程度，可选用手工气割和半自动气割。

1. 圆件的手工气割

气割时应尽量采用规架，先用样冲打好圆弧中心样冲眼，再割出气割引孔，并引至割线，将规环套在割嘴上，割嘴对准切割线，使定位针沿规杆滑动至中心样冲眼处，紧固好，割炬推动规架沿切割线进行气割，如图 3-19 所示。

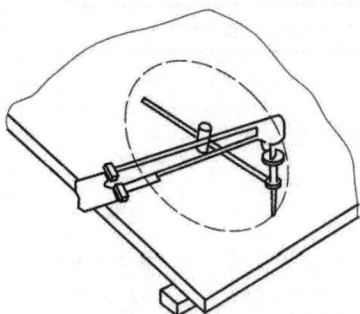

图 3-19　使用规架手工气割圆件的示意图

2. 圆件的半自动气割

在工件圆弧中心处，打上较深的样冲眼，用于规架的定心。

气割小圆弧时，定位针放在割嘴的同一侧；气割大圆弧时，定位针放在割嘴的相反一侧。使割嘴对准切割线，调好气割半径，紧固定位针，并使靠近定位针一侧的气割机滚轮悬空，调好割嘴的垂直度和高度，预调好工艺参数，然后点火起割。

3.2.5　型钢的气割操作

1. 槽钢的气割

气割槽钢时，应先将槽钢扣放并垫起，按划好的切割线，分别从两翼边的下部边缘向腹板平面气割；当割至棱角 A 处时，割嘴沿气割方向向前倾斜一定角度，直至过渡到另一气割平面(腹板平面)时，割嘴恢复正常气割角度，进行气割，如图 3-20 所示。

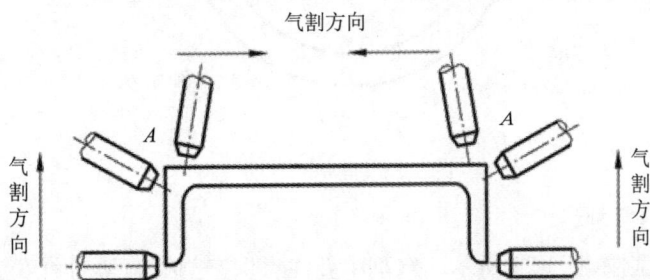

图 3-20　槽钢的气割

2. 工字钢的气割

先将工字钢垫起平放，按划好的切割线，先割两翼板，后割腹板，气割顺序如图 3-21 所示。气割翼板时，分两次进行，从翼板边缘起割至腹板处停割。气割接近腹板时，割嘴要沿气割方向向前倾斜一定角度，以便吹出熔渣，防止产生割不透的现象。

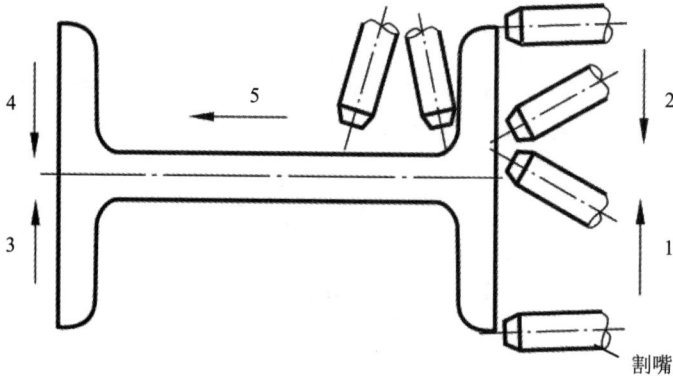

图 3-21　工字钢的气割

3.2.6　管子的气割操作

1. 固定横管的气割

固定横管是从管子的底部由两侧分别向上气割，如图 3-22 所示。开始预热时，割嘴要垂直于底部的管壁表面，达到燃点后，割嘴稍倾斜一定角度，以便吹掉熔渣。打开切割氧，待割透后，割嘴向上移动进入正常气割。气割过程中，要始终保持一定的角度。

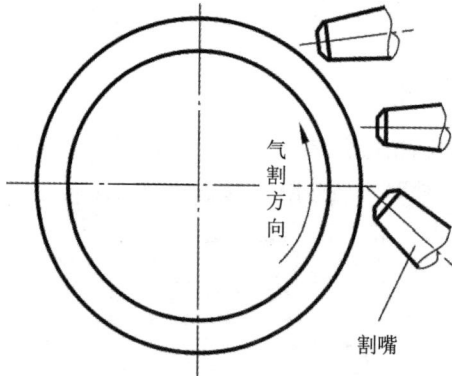

图 3-22　固定横管的气割

2. 固定立管的气割

固定立管的气割如图 3-23 所示。气割中要注意保持割嘴倾斜的角度基本一致。

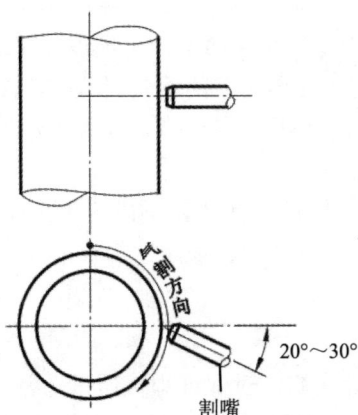

图 3-23　固定立管的气割

3. 转动管子的气割

转动管子的气割，可以使切割过程始终处于有利条件下进行。

气割预热时，割嘴与管子外表面接近垂直，当达到燃点时，打开切割氧，割透后，保持割嘴的切割线垂直被气割管面，边气割边转动管子，管子转动要均匀。

3.3　手工气焊基础知识

1. 手工气焊设备和工具

手工气焊的设备和工具与手工气割基本相同，但气焊使用的是焊炬。

目前普遍使用的是射吸式焊炬，如图 3-24 所示。射吸式焊炬配有五个规格不同的焊嘴，焊接时可根据不同厚度的焊件，选用不同号码的焊嘴。

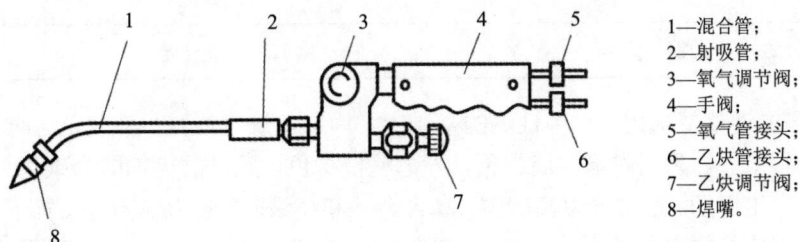

1—混合管；
2—射吸管；
3—氧气调节阀；
4—手阀；
5—氧气管接头；
6—乙炔管接头；
7—乙炔调节阀；
8—焊嘴。

图 3-24　射吸式焊炬

2. 焊炬的使用

(1) 根据焊件厚度选用焊炬型号和焊嘴号码，安装时将其拧紧，以防止结合处漏气。

(2) 焊炬的氧气管接头和乙炔管接头必须和胶管接牢，以防漏气。

(3) 使用焊炬前，必须检查焊炬的射吸性能，检查方法和割炬相似。

(4) 点火时，先打开氧气调节阀，再打开乙炔调节阀，并立即点火，按需要调节火焰能率。点火时若产生回火，应检查供气有无堵塞，发现焊嘴堵塞时应用通针修通。

(5) 焊接过程中产生回火时，应迅速关闭乙炔调节阀，然后再关闭氧气调节阀，待回火熄灭后，再打开氧气调节阀，吹除焊炬内的烟灰。如果焊炬发热，则应将焊嘴和射吸管放在水中冷却。

(6) 焊炬不允许沾有油脂，以防氧气遇到油脂发生燃烧爆炸。

(7) 焊炬用后要妥善保管，防止被砸、被压，焊嘴的结合面不得划伤，以防结合面不平而影响使用。

3. 手工气焊火焰的调整

正确地调整及选用手工气焊火焰，对保证焊接质量非常重要。

(1) 火焰的种类。氧乙炔火焰根据氧气和乙炔的体积混合比的不同，可分为中性焰、碳化焰和氧化焰三种，其构造和形状如图 3-25 所示。

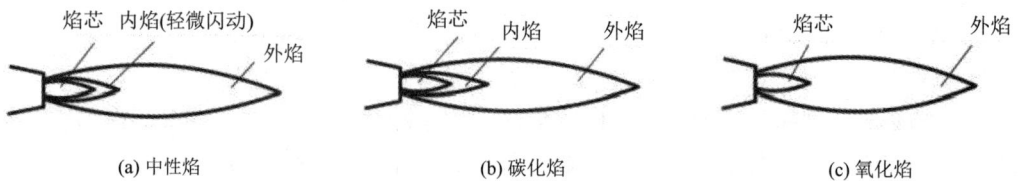

图 3-25　氧乙炔火焰

(2) 火焰的调整及选用。

① 中性焰的调整及选用。点燃焊炬后，逐渐增加氧气，可见火焰由长变短，颜色由淡红色变为蓝白色，焰芯、内焰的轮廓呈现特别清晰，这就是中性焰。气焊低中碳钢、低合金钢、紫铜、青铜和铅时常选用中性焰，如表 3-6 所示。

表 3-6　各种材料气焊时火焰性质的选择

焊件材料	选用的火焰
低中碳钢、低合金钢、紫铜、青铜、铅	中性焰
高碳钢、高合金钢、铸铁	碳化焰
镀锌铁皮、锰钢、黄铜	氧化焰

② 碳化焰的调整及选用。在中性焰的基础上，增加乙炔气或减少氧气，这时火焰变长，焰芯轮廓不清且呈蓝白色，内焰呈淡白色，外焰呈橙黄色，此时的火焰即为碳化焰，当乙炔气过多时还会产生黑烟。通常气焊高碳钢、高合金钢和铸铁时会选用碳化焰，如表 3-6 所示。

气焊所用碳化焰的内焰长度，一般是焰芯的 2～3 倍，是几倍就称几倍碳化焰，碳化焰的渗碳或保护作用随着倍数的提高而增大。

③ 氧化焰的调整及选用。在中性焰的基础上，逐渐增加氧气，这时整个火焰缩短，并发出"吱吱……"的响声，这种火焰具有强烈的氧化性，被称为氧化焰。利用这种火焰焊接碳钢时，熔池会产生沸腾现象，焊缝中的气孔和氧化物较多，焊接质量极差。气焊镀锌铁皮、锰钢和黄铜时常选用氧化焰，如表 3-6 所示。

3.4　手工气焊操作指导

3.4.1　手工气焊焊前准备

1. 焊接方向

手工气焊时，焊炬可以从右向左焊，称为左焊法，如图 3-26(a)所示；也可以从左向右焊，称为右焊法，如图 3-26(b)所示。

(1) 左焊法。焊丝在前，焊炬在后，气焊火焰背着焊缝而指向未焊部分。在焊接过程中，能清楚地看到熔池后部凝固边缘及焊缝成形，容易获得高度和宽度较均匀的焊缝。这种焊接方法具有对已焊焊缝的保护作用差、焊缝冷却快、热能利用率低等特点，适用于焊接薄板和低熔点金属。另外，这种操作方法易掌握，应用较广泛。

(2) 右焊法。焊炬在焊丝前面移动，焊炬指向已焊过的焊缝，气焊时使用的气体对焊缝起到隔离保护的作用，有利于改善焊缝的组织及性能。此外，这种操作方法还具有火焰热量集中、热能利用率高、易使熔池增大、焊缝增宽等特点，适用于焊接厚件。

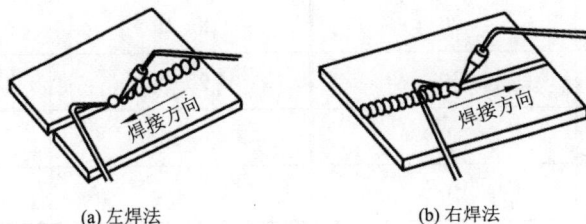

图 3-26　气焊时左焊法和右焊法的示意图

2. 焊炬的摆动和焊丝的填充

在气焊操作过程中，焊炬沿两个方向运动，即沿焊接方向移动(焊接速度)和沿焊缝横向摆动。

焊丝除了具有上述两个运动，还有向熔池的送进运动。焊接时，焊丝和焊炬的运动必须均匀、协调，且通过焊丝和焊炬有规律的摆动，控制焊缝熔池中液态金属的流动，以保证焊件金属熔透，使焊缝成形高度和宽窄一致。

焊炬和焊丝的摆动方法及幅度与很多因素有关(如焊接空间位置、焊件厚度等)，要根据具体情况灵活运用。

焊炬和焊丝的常用摆动方法如图 3-27 所示。

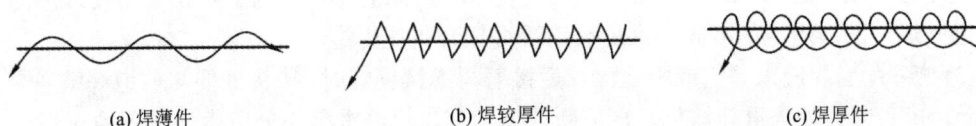

图 3-27　气焊时焊丝和焊炬的常用摆动方法

3.4.2 平敷焊操作

1. 焊前准备

(1) 熟悉工艺要求和技术条件。

(2) 准备焊丝、焊件，清除焊丝与焊件焊接处表面的油、锈等污物。

(3) 准备设备及工具，选择火焰性质，调整火焰能率。

2. 焊接

(1) 起焊。起焊时，由于钢板温度较低，可先用火焰往复移动几次，进行预热，预热范围为焊缝两侧 40～60 mm。然后再回到起焊处，使焰芯距工件表面 2～4 mm，焊嘴和工件表面的倾角要大些，当钢板表面由红色半熔化状态变为白亮而清晰的熔池时，便可填充焊丝。焊炬和焊件的夹角逐渐变小。

焊接过程中，为了调节焊道温度或防止产生缺陷，焊炬和焊件的夹角需要变化，焊丝与焊炬的夹角要随之变化(见图 3-28)。焊炬和焊件的夹角 α 的大小，主要取决于钢板的厚度。不同钢板厚度情况下焊炬与焊件之间的夹角见表 3-7。

表 3-7 气焊时不同钢板厚度情况下焊炬与焊件之间的夹角

板厚/mm	$\alpha/(°)$	板厚/mm	$\alpha/(°)$
≤1	20°	8～10	60°
1～3	30°	9～15	70°
4～5	40°	≥15	80°
6～7	50°	—	—

(2) 收尾。当平敷焊接近终点时，金属易产生过热，这时可采用两种方法：一种是适当加快焊接速度；另一种是改变焊嘴和焊件的夹角。

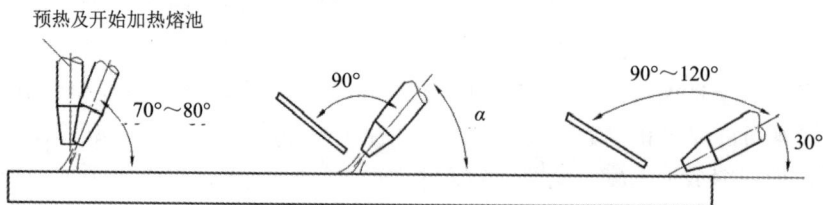

图 3-28 气焊过程中焊丝、焊炬与焊件之间的夹角

收尾时应填满熔池，这时可采取多次反复填充焊丝的方法。为了防止空气侵入熔池，要用低温外焰，随着熔池的凝固，保护火焰缓缓离开收尾焊道。

(3) 接头。当焊缝未焊完或中途停焊后接着再继续施焊时，接头处要与前道焊缝重叠 6～12 mm，接头起焊处需重新熔化。形成新的熔池后，焊缝重叠部分可少填或不填充焊丝，使接头能均匀光滑过渡。

3.4.3　立敷焊操作

立敷焊时，焊接熔池处于立面或倾斜面上，液态金属易下淌，焊缝的高度和宽度不易控制，成形困难。通常采用从下向上的焊接方法，操作时焊丝、焊炬与焊件之间的夹角如图 3-29 所示。操作中，焊炬作横向摆动，以保证两边熔合良好，并随时掌握熔池温度的变化情况。当发现熔池温度过高时，焊炬要向上跳起，抬高火焰，降低温度，从而控制熔池形状，使熔池金属受热适当，防止液态金属下淌。同时，焊炬向上跳起时，要注意用外焰保护熔池，防止产生气孔等缺陷。

立敷焊要选用比平敷焊小的火焰能率。

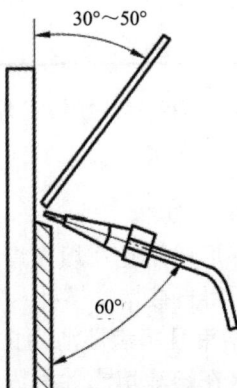

图 3-29　立敷焊时焊丝、焊炬与焊件之间的夹角

3.4.4　仰敷焊操作

仰敷焊时，焊接熔池向下，液态金属易下坠，焊缝成形困难。仰敷焊的基本操作要领是：

(1) 采取小的火焰能率和细直径焊丝。

(2) 一般采用左焊法。

(3) 焊丝、焊炬与焊件之间的夹角如图 3-30 所示。

(4) 焊丝浸在熔池内做月牙形运条时，要和焊炬的摆动相协调。

(5) 操作时，要防止熔池金属飞溅和熔滴坠落烧伤。

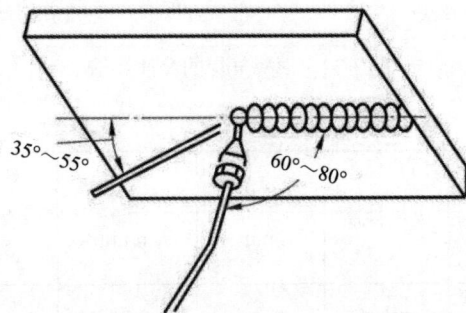

图 3-30　仰敷焊时焊丝、焊炬与焊件之间的夹角

3.4.5　薄板的气焊操作

1. 焊前准备

(1) 焊件与焊丝表面要清理干净，露出金属光泽。

(2) 定位焊缝的长度为 5～7 mm，间距为 20～40 mm，定位焊的顺序如图 3-31 所示。

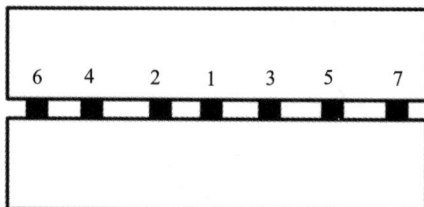

图 3-31　薄板气焊时的定位焊顺序

2. 焊接操作要领

(1) 焊炬与焊件之间的夹角为 10°～20°。

(2) 焊接时，先对起焊处预热并形成熔孔，填充焊丝，再形成新的熔池和熔孔。填充焊丝时要注意焊丝只能熔入熔池，不得直接堵塞熔孔；熔孔随焊接熔池的移动而向前移动，存在于整个焊接过程中，直至焊接结束且填满熔池为止。焊接结束时，气焊火焰缓慢抬起 (但外焰不得离开熔池)，适当降温。在熔池填满并凝固后，气焊火焰方可离开，以防止产生缺陷。

(3) 焊接过程中，若发现焊件出现错边或定位焊开裂，则应用手锤矫平，重新点固后，方可继续施焊。

(4) 为了防止和减小焊件变形，可采用分段焊法(包括跳焊法和退焊法)，如图 3-32 所示。焊接工艺参数见表 3-8。

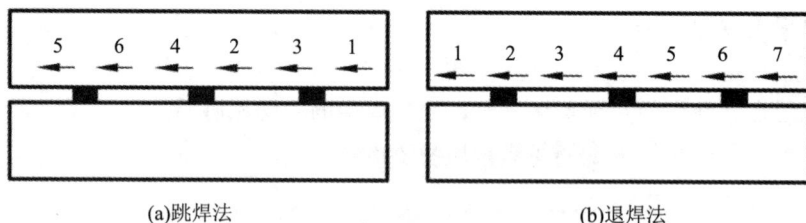

(a)跳焊法　　　　　　　　　　　　(b)退焊法

图 3-32　薄板气焊的分段焊法

表 3-8　薄板的气焊焊接工艺参数

焊炬型号	焊嘴号码	氧气压力/MPa	火焰性质	焰芯长度/mm	焊接速度/(m/min)	焰芯与工件表面的距离/mm	焊丝直径/mm
H01-16	2	0.2～0.3	中性焰	2～3	0.08～0.12	2～3	2

第 4 章　CO₂ 气体保护焊

CO_2 气体保护焊是以 CO_2 气体作为保护介质，使电弧及熔池与周围空气隔离，防止空气中的氧气、氮气、氢气对熔滴和熔池金属的有害作用，从而获得优良机械性能的一种电弧焊，又称 CO_2 电弧焊。其焊接过程如图 4-1 所示。

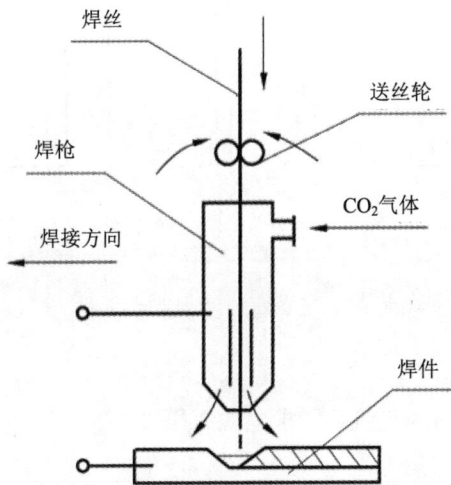

图 4-1　CO_2 气体保护焊过程示意图

CO_2 气体保护焊按焊丝直径可分为细丝 CO_2 气体保护焊(直径为 0.5～1.2 mm)和粗丝 CO_2 气体保护焊(直径不低于 1.6 mm)；按操作方法可分为 CO_2 半自动焊和 CO_2 自动焊。

CO_2 气体保护焊与焊条电弧焊相比，具有以下优点：

(1) 焊接成本低。CO_2 气体价廉易得，国内供应较为充足。

(2) 生产率高。CO_2 电弧焊的电流密度大，热量集中，电弧穿透力强，熔深大，而且焊丝的熔化率高，熔敷速度快，焊后焊渣少(无须清理)，因此其生产率比焊条电弧焊高 1～4 倍。

(3) 适用范围广，可以进行全位置焊接。薄板焊接时，不仅焊缝成形美观、速度快，而且变形和应力小。

(4) 抗锈能力强，焊缝含氢量低，抗裂性好。

(5) 采用明弧焊接，电弧可见性好，易对准焊缝，观察和控制焊接过程较方便。

(6) 操作简单。CO_2 气体保护焊采用自动送丝，操作简单，容易掌握。

由于 CO_2 气体保护焊具有以上优点，因此，其在汽车制造业、船舶制造业、动力机械、金属结构、石油化学工业及冶金工业等领域得到了广泛应用。

4.1　CO_2气体保护焊基础知识

1. CO_2 电弧焊设备

CO_2电弧焊设备由焊接电源、送丝系统、自动或半自动焊枪、供气系统和控制系统等几个部分组成，其连接示意图如图4-2所示。

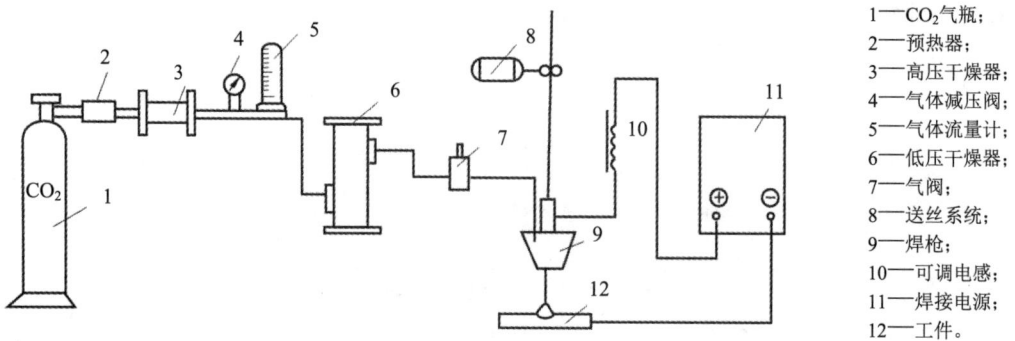

1—CO_2气瓶；
2—预热器；
3—高压干燥器；
4—气体减压阀；
5—气体流量计；
6—低压干燥器；
7—气阀；
8—送丝系统；
9—焊枪；
10—可调电感；
11—焊接电源；
12—工件。

图 4-2　CO_2 电弧焊设备连接示意图

1) 焊接电源

CO_2电弧焊设备的电源均为直流，要求电源有平硬外特性，主要采用硅整流电源和逆变电源。

硅整流电源由焊接变压器、整流器、电感器、接触器及保护元件等组成，按电压调节方式不同可分为抽头式变压器硅整流电源、磁放大器式弧焊整流器、可控硅式弧焊整流器。

逆变电源是将工频(50 Hz)交流电先经整流器整流和滤波变成直流，再通过大功率开关电子元件(晶闸管(SCR)、电力晶体管 GTR、金属-氧化物-半导体场效应晶体管(MOSFET)或绝缘栅双极型晶体管(IGBT))，逆变成几千赫兹至几万赫兹的中频交流电，同时经变压器降至适合焊接的 21～28 V 电压，再次整流并经电抗滤波输出相对平稳的直流焊接电流。

2) 送丝系统

CO_2电弧焊主要采用等速送丝式焊机，其焊接电流是通过调节送丝速度来控制的，送丝系统质量的好坏，直接关系到焊接过程的稳定性。因此要求送丝系统要能维持并保证送丝均匀而平稳，且在一定范围内能够进行送丝速度的无级调节，以满足不同直径焊丝及焊接工艺参数的要求。

CO_2半自动焊的送丝方式有三种，即推丝式、推拉丝式、拉丝式(盘枪式)，如图4-3所示。

(a) 推丝式

(b) 推拉丝式

(c) 拉丝式(盘枪式)

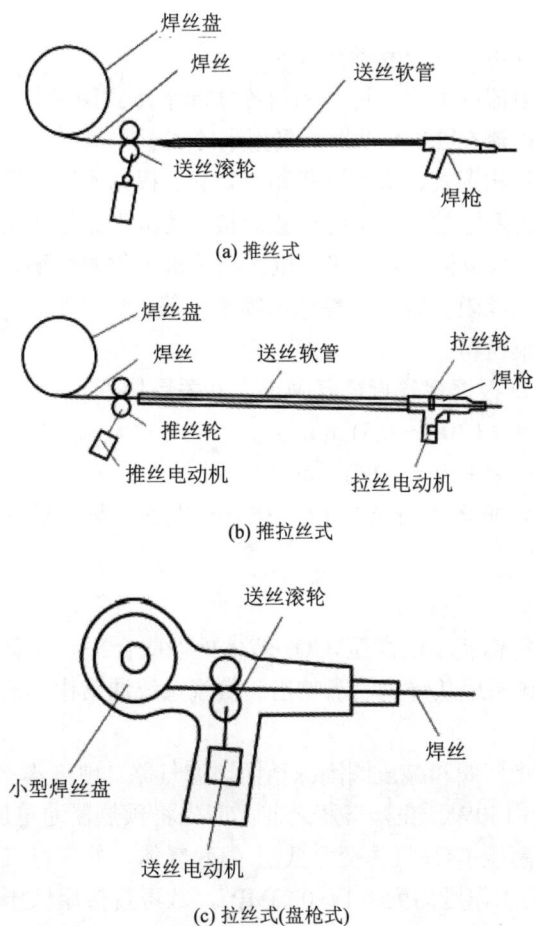

图 4-3　半自动焊的三种送丝方式示意图

(1) 推丝式送丝系统：焊丝由送丝滚轮推入送丝软管，再经焊枪上的导电嘴送至焊接电弧区，如图 4-3(a)所示。其特点是结构比较简单，轻便，操作和维修都很方便，因此应用较为广泛。但是这种送丝方式下，焊丝要经过一段较长的软管，阻力很大，特别是焊丝直径较小时(小于 0.8 mm)，送丝往往不够均匀可靠，因此这种方式的送丝软管不能太长，一般在 2～5 m。

(2) 推拉丝式送丝系统：它的送丝动作是通过安装在焊枪内的拉丝电动机和送丝装置内的推丝电动机两者同步运转来完成的。一般说来，推丝电动机是主要动力，它能保证焊丝等速送进，而拉丝电动机只起到将送丝软管中的焊丝拉直的作用。这样就不会发生焊丝弯曲或送丝中断的现象。这种送丝方式的送丝软管可达 20～30 m，大大扩大了半自动焊的操作范围。但由于这种送丝方式结构比较复杂，焊枪比较笨重，维修也比较困难，故应用不多。

(3) 拉丝式送丝系统：它的特点是把送丝电动机、减速箱、送丝滚轮和小型焊丝盘都装在焊枪上，省去软管。拉丝式送丝系统没有送丝软管的阻力，细焊丝也能均匀稳定地送进。其结构紧凑，焊枪活动范围大，但比较笨重，增加了焊工的劳动强度，操作也不够灵活，主要适用于细焊丝(焊丝直径小于 0.8 mm)的焊接。

3) 半自动焊枪

焊枪的主要作用是导电、送丝和输送保护气体。

半自动焊枪按使用电流的大小，可分为自冷式和水冷式两种。通常焊接电流在 250A 以下，采用自冷式；焊接电流在 250A 以上，采用水冷式。

半自动焊枪有两种结构形式，即手枪式和弯管式。根据不同位置的焊缝，可采用不同形式的半自动焊枪。手枪式焊枪常用于空间位置焊接，其特点是送丝阻力比较小，但焊枪重心不在手握部分，操作时不太灵活。弯管式焊枪常用于水平位置焊缝，其特点是重心在手握部分，操作比较灵活，但送丝阻力较大，焊枪的喷嘴一般为圆柱形，孔径一般在 12～25 mm，常采用导热性较好的紫铜材料。

焊枪导电嘴的孔径 D 根据焊丝直径 d 确定，其关系如下：

$d \leqslant 1.6$ mm 时，$D = d + (0.1 \sim 0.3)$ mm；

$d = 2 \sim 3$ mm 时，$D = d + (0.4 \sim 0.6)$ mm。

导电嘴的长度一般为细丝 25 mm，粗丝 35 mm 左右。导电嘴的材料一般采用紫铜，也有用铬青铜或磷青铜的。

4) 供气系统

供气系统的作用是将钢瓶中的高压 CO_2 液体处理成合乎质量要求的、具有一定流量的 CO_2 气体，并使之均匀畅通地从焊枪喷嘴喷出。供气系统通常由钢瓶、预热器、减压阀、干燥器和流量计等组成。

预热器的作用是防止瓶阀和减压阀因冻结而堵塞气路。预热器一般采用电热式，使用电阻丝加热，功率在 100～150W。在开气瓶之前，应先将预热器通电加热。

减压阀的作用是将高压 CO_2 气体变为低压 CO_2 气体，并保持气体的压力在供气过程中稳定。一般 CO_2 气体的工作压力为 (0.1～0.2)MPa，故可直接用低压力的乙炔减压阀或用氧气减压阀改装而成。

干燥器的作用是吸收 CO_2 气体中的水分。干燥器内装有干燥剂，如硅胶、脱水硫酸铜、无水二氯化钙等几种。根据干燥器位置不同，干燥器分为高压干燥器和低压干燥器两种。高压干燥器在减压阀之前，低压干燥器在减压阀之后，可以根据钢瓶中的 CO_2 的纯度选用其中一个或两个都用，如果 CO_2 纯度满足要求，亦可不设干燥器。

流量计是用于测量 CO_2 气体流量的装置。常用的有转子式流量计，也可采用减压阀和流量计一体式的流量计，即 301-1 型浮标式流量计，其流量调节范围有 0～15L/min 和 0～30L/min 两种，可根据需要使用。

气阀是用来控制保护气体通、断的装置。可直接采用机械气阀开关来控制，当要求准确控制时，可用电磁气阀来完成气体的通、断。

5) 控制系统

控制系统主要完成送丝系统的控制、供气系统的控制、供电系统的控制以及焊接操作程序的控制等几个部分的控制。

对供气系统的控制分三步进行：第一步提前送气 1～2 s，然后引弧；第二步焊接，控制均匀送气；第三步收弧，滞后 2～3s 停气，继续保护弧坑区的熔池金属不与空气接触。

对供电系统的控制涉及电源的通断与焊丝送给的配合关系。电源可在送丝之前接通，亦可与送丝同时接通。而在停止焊接操作时，要求送丝先停，而后再断电，使电弧在焊丝伸出端"返烧"以填补弧坑，也能避免焊丝末端与熔池粘连。

半自动焊接操作控制步骤如下：

(1) 启动：提前送气(1～2 s)→送丝，供电(开始焊接)。

(2) 停止：停丝，停电(停止焊接)(2～3 s)→停止送气(滞后停气)。

6) CO₂ 电弧焊焊机举例

NBC-250 型 CO₂ 半自动焊机主要由焊接电源、调速控制部分、供气控制部分，以及焊接操作程序控制部分等组成。其最大焊接电流为 250A，可用于板厚为 1～5 mm 的低碳钢、低合金结构钢的全位置对接、搭接以及角接焊缝的焊接。焊机采用等速送丝系统，焊丝驱动为拉丝式，焊丝直径为 0.8～1.2 mm，焊接电流范围为 60～250A，空载电压调节范围为 17～27 V，额定输入功率为 9 kW，额定负载持续率为 60%。

(1) 焊接电源。焊接电源为平特性三相硅整流器。焊接变压器通过粗调和细调可调节初级线圈的匝数，一共能调出 20 级输出电压。

(2) 调速控制部分。调速主电路采用晶闸管和二极管组成的桥式全控电路。调节晶闸管的导通角，即可调节送丝电机的电枢电压和电机转速，从而调节送丝速度和焊接电流。

(3) 供气控制部分。采用并联电容延时环节控制保护气体的提前送给和滞后关断，即在通电、送丝之前先通气，停电、停丝后再关气。

(4) 焊接操作程序控制部分。焊接前先合上电源开关，闭合电源控制箱上的转换开关，闭合 CO₂ 气体预热开关，预热器开始工作，对气体进行加热。焊接时，按下焊枪上的微动开关，电路自动实现先通气、延时接通电源、送进焊丝、引弧焊接等动作。停止焊接时，松开焊枪上的微动开关，自动切断焊接电源，停止送丝，返烧熄弧，滞后停气。

7) 焊机的安装

(1) 检查电源的电压、开关和焊丝的容量，必须符合焊机铭牌上的要求。

(2) 焊接电源的导电外壳必须可靠接地，地线截面必须大于 12 mm²。

(3) 用电缆将焊接电源输出端的负极和工件接好，将正极与送丝机接好。CO₂ 电弧焊通常采用直流反接，但如果用于堆焊，最好采用直流正接。

(4) 将流量计至焊接电源及焊接电源至送丝机处的送气管道接好。

(5) 将预热器接好。

(6) 将焊枪与送丝机接好。

(7) 接好焊接电源至供电电源开关间的电缆。

8) 焊机的保养

(1) 操作者必须掌握焊机的一般构造、电器原理以及使用方法。

(2) 必须建立焊机定期维修制度。

(3) 经常检查电源和控制部分的接触器及继电器触点的工作情况，发现烧损或接触不良时应及时修理或更换。

(4) 经常检查送丝电动机和小车电机的工作状态，发现碳刷磨损、接触不良或打火时要及时修理或更换。

(5) 经常检查送丝滚轮的压紧情况和磨损程度。

(6) 定期检查送丝软管的工作情况，及时清理管内污垢。

(7) 检查导电嘴和焊丝的接触情况，发现导电嘴孔径严重磨损时应及时更换。

(8) 检查导电嘴与导电杆之间的绝缘情况，防止喷嘴带电，并及时清除附着的飞溅金属。

(9) 经常检查供气系统工作情况，防止漏气、焊枪分流环堵塞、预热器以及干燥器工作不正常等问题，保证 CO_2 气流均匀畅通。

(10) 工作完毕后或因故离开时，要关闭气路，切断一切电源。

(11) 当焊机出现故障时，不要随便拨弄电器元件，应停机停电，检查修理。

9) CO_2 电弧焊设备常见故障及排除方法

CO_2 电弧焊设备故障的判断一般采用直接观察法、表测法、示波器波形检测法和新元件代入等方法。检修和消除故障的一般步骤是，从故障发生的部位开始，逐级向前检查。对于被检修的各个部分，首先检查易损、易坏、经常出毛病的部件，随后再检查其他部件。

CO_2 电弧焊设备常见故障的产生原因及排除方法如表 4-1 所示。

表 4-1　CO_2 电弧焊设备常见故障的产生原因及排除方法

故障特征	产生原因	排除方法
焊丝送给不均匀	① 送丝电动机电路故障 ② 减速箱故障 ③ 送丝滚轮压力不当或磨损 ④ 送丝软管接头处堵塞或内层弹簧管松动 ⑤ 焊枪导电部分接触不好或导电嘴孔径大小不合适 ⑥ 焊丝绕制不好，时松时紧或有弯折	① 检修电动机电路 ② 检修减速箱 ③ 调整滚轮压力或更换 ④ 清洗或修理 ⑤ 检修或更换导电嘴 ⑥ 调直焊丝
焊接过程中发生熄弧和焊接不稳	① 导电嘴打弧烧坏 ② 焊丝送给不均匀，导电嘴磨损过大 ③ 焊接参数选择不合适 ④ 焊件和焊丝不清洁，接触不良 ⑤ 焊接回路各部件接触不良 ⑥ 送丝滚轮磨损	① 更换导电嘴 ② 检查送丝系统，更换导电嘴 ③ 调整焊接参数 ④ 清理焊件和焊丝 ⑤ 检查电路元件及导线连接 ⑥ 更换滚轮
焊丝停止送进	① 送丝滚轮打滑 ② 焊丝与导电嘴熔合 ③ 焊丝卷曲且卡在焊丝进口管处 ④ 保险丝烧断 ⑤ 电动机电源变压器损坏 ⑥ 电动机碳刷磨损 ⑦ 焊枪开关接触不良或控制线路断线 ⑧ 控制继电器烧坏或其他接触点烧损 ⑨ 调速电路故障	① 调整滚轮压力 ② 连同焊丝拧下导电嘴，更换 ③ 将焊丝退出，剪去一段焊丝 ④ 更换保险丝 ⑤ 检修或更换电动机电源变压器 ⑥ 换碳刷 ⑦ 检修和接通线路 ⑧ 换继电器或修理触点 ⑨ 检修调速电路

续表

故障特征	产生原因	排除方法
焊丝在送丝滚轮和软管进口之间发生卷曲和打结	① 弹簧管内径太小或堵塞 ② 送丝滚轮离软管接头进口太远 ③ 送丝滚轮压力太大,焊丝变形 ④ 焊丝与导电嘴配合太紧 ⑤ 软管接头内径太大或磨损严重 ⑥ 导电嘴与焊丝粘连或熔合	① 清洗或更换弹簧管 ② 缩短距离 ③ 适当调整压力 ④ 更换导电嘴 ⑤ 更换接头 ⑥ 更换导电嘴
气体保护不良	① 电磁气阀故障 ② 电磁气阀电源故障 ③ 气路堵塞 ④ 气路接头漏气 ⑤ 喷嘴因飞溅而阻塞 ⑥ 减压表冻结	① 修理电磁气阀 ② 修理电源 ③ 检查气路导管 ④ 紧固接头 ⑤ 清除飞溅物 ⑥ 查清冻结原因,可能是气体消耗量过大或预热器断路或未接通

2. 焊丝

在焊接低碳钢和低合金钢时,为了防止产生气孔,减少飞溅,保证焊缝具有较高的机械性能,必须采用含有 Si、Mn 等脱氧元素的焊丝。

H08Mn2SiA 焊丝是目前 CO_2 电弧焊中应用较为广泛的一种焊丝。它有较好的工艺性能、较高的机械性能以及抗热裂纹能力,适宜于焊接低碳钢和屈服强度 $\sigma_s \leqslant 50 \times 9.8$ N/mm² 的低合金钢及焊后抗拉强度 $\sigma_b \leqslant 120 \times 9.8$ N/mm² 的低合金高强度钢。对于强度等级要求高的钢种,应当采用焊丝成分中含有 Mo 的 H10MnSiMo 等焊丝。

CO_2 电弧焊使用的焊丝直径有 0.5、0.6、0.8、1、1.2、1.6、2、2.4、2.5、3、4、5(单位为 mm)等几种。半自动焊主要用细焊丝,直径在 0.5~1.2 mm。自动焊除可采用细焊丝外,还可采用直径为 1.6~5 mm 的粗焊丝。焊丝表面有镀铜和不镀铜两种。镀铜的目的是防止焊丝生锈,有利于焊丝的存放和改善导电性。

3. CO_2 气体

CO_2 气体的用途是在进行 CO_2 电弧焊焊接时,有效地保护电弧和金属熔池区免受空气的侵袭。由于 CO_2 气体具有氧化性,在焊接过程中,产生氢气孔的可能性较小。

工业上一般使用瓶装液态 CO_2,既经济又方便。规定钢瓶主体喷成银白色,用黑漆标明"二氧化碳"字样。

容量为 40 L 的标准钢瓶,可灌入 25 kg 液态的 CO_2,约占钢瓶容积的 80%,其余 20% 的空间充满了 CO_2 气体,气瓶压力表上指示的就是这部分气体的饱和压力,它的值与环境温度有关。温度升高时,饱和气压增大;温度降低时,饱和气压降低。0℃时,饱和气压为 3.63 MPa;20℃时,饱和气压为 5.72 MPa;30℃时,饱和气压达 7.48 MPa。因此应防止 CO_2 气瓶靠近热源或让烈日暴晒,以免发生爆炸事故。如果需要了解瓶内 CO_2 余量,一般用称钢瓶重量的办法来测量。

采用瓶装液态 CO_2 供气时，为了减少瓶内水分与空气的含量，提高输出 CO_2 气体的纯度，一般采取以下措施：

(1) 由于当温度高于 $-11℃$ 时，液态 CO_2 比水轻，因此可将新灌气瓶倒置 $1\sim2$ h 后，打开阀门，排出沉积在下面的自由状态的水。根据瓶中含水量的不同，每隔 30 min 左右放一次水，需放水 $2\sim3$ 次，然后将气瓶放正。

(2) 使用前，先打开瓶口阀门，放气 $2\sim3$ min，以排除装瓶时混入的空气和水分，然后再套接输气管。

(3) 在气路中串接干燥器，进一步减少 CO_2 气体中的水分。

需要注意的是，当气瓶中压力降到 1 MPa 时，应停止用气。

4. 焊接工艺参数的选择

CO_2 电弧焊的工艺参数主要包括焊丝直径、焊接电流、电弧电压、焊接速度、焊丝伸出长度、电源极性、回路电感以及气体流量。

1) 焊丝直径的选择

焊丝直径的选择应以焊件厚度、焊缝位置及生产率的要求为依据，同时还必须兼顾熔滴过渡的形式以及焊接过程的稳定性。一般细焊丝用于焊接薄板，随着焊件厚度的增加，焊丝直径也随之增加。

焊丝直径的选择可参考表 4-2。

表 4-2　不同直径焊丝的适用范围　　　　　　　　　　单位：mm

焊丝直径	熔滴过渡形式	焊件厚度	焊缝位置
0.5～0.8	短路过渡	1.0～2.5	全位置
	滴状过渡	2.5～4	水平位置
1～1.2	短路过渡	2～8	全位置
	滴状过渡	2～12	水平位置
1.6	短路过渡	3～12	水平、立、横、仰
≥1.6	滴状过渡	>6	水平位置

2) 焊接电流的选择

焊接电流应根据焊件厚度、坡口形式、焊丝直径和所需的熔滴过渡形式来选择。

焊接电流范围为 $60\sim250$A 时，主要适用于直径为 $0.5\sim1.6$ mm 的焊丝的短路过渡全位置焊接。

焊接电流大于 250A 时，一般采用滴状过渡来焊接中厚板结构。

3) 电弧电压的选择

通常细丝焊接时，电弧电压为 $16\sim24$ V；粗丝焊接时，电弧电压为 $25\sim36$ V。采取短路过渡时，电弧电压与焊接电流有一个最佳配合范围，见表 4-3。

表 4-3　CO₂ 电弧焊短路过渡时电弧电压与焊接电流的关系

焊接电流/A	电弧电压/V	
	平焊	立焊和仰焊
75～120	18～21.5	18～19
130～170	19.5～23	18～21
180～210	20～24	18～22
220～260	21～25	—

4) 焊接速度的选择

焊接速度应根据焊件材料的性质与厚度来确定。一般 CO_2 半自动焊的焊接速度在 15～40 m/h，CO_2 自动焊的焊接速度在 15～80 m/h。

5) 焊丝伸出长度的选择

焊丝伸出长度又称平伸长度，是指焊丝从导电嘴伸出到工件除弧长外的那段距离，用 L 表示。

短路过渡时，$L=10d$，d 表示焊丝直径(单位为 mm)。

滴状过渡时，L 为 20～40 mm。

6) 电源极性的选择

为了减少飞溅，保持焊接过程的稳定，CO_2 电弧焊一般都采用直流反极性焊接。但在大电流和高速 CO_2 电弧焊、堆焊和铸铁补焊的情况下，以及采用活化处理的焊丝焊接时，多采用正极性焊接。

7) 回路电感的选择

回路电感应根据焊丝直径、焊接电流的大小、电弧电压的高低来选择。

8) 气体流量的选择

进行细焊丝短路过渡焊接时，CO_2 气体的流量通常为 5～15 L/min；粗焊丝焊接时，CO_2 气体的流量约为 20 L/min。

为了保证 CO_2 保护气体的保护范围足够大，当焊接电流增大、焊接速度加快、焊丝伸出长度较长，以及在室外焊接时，气体流量必须加大。

总之，确定焊接工艺参数的程序是先根据焊件厚度、接头形式、焊接操作位置，以及熔滴过渡形式等确定焊丝直径和焊接电流，然后确定其他参数。最后进行试焊验证，若满足焊接过程稳定，飞溅少，焊缝外形美观，无烧穿、咬边、气孔和裂纹，并保证充分焊透等要求，则说明该焊接工艺参数是合适的。

5. 接头的坡口尺寸和装配间隙

(1) 颗粒过渡时，坡口角度应开得小些，钝边应适当大些。装配间隙要求较严，对接间隙不能超过 1 mm。对于直径 1.6 mm 的焊丝，钝边可以为 4～6 mm，坡口角度可为 45° 左右。

(2) 短路过渡时，钝边较小，也可以不留钝边，间隙可稍大些。焊缝质量要求高时，装配间隙应不大于 1.5 mm，根部上、下错边允许为±1 mm。

6. 常见缺陷及其产生原因

(1) 气孔。产生气孔的原因有焊丝与焊件清理不良，焊丝内硅、锰含量不足，CO_2 气体纯度较低，CO_2 气体保护不良。

(2) 裂纹。产生裂纹的原因有焊丝或焊件有油、锈及水分；电流与电压匹配不合理；母材与焊缝金属含碳量高；焊接顺序不当，焊接应力过大。

(3) 咬边。产生咬边的原因有弧长太长，电流太大，焊速过快或焊枪位置不当。

(4) 夹渣。产生夹渣的原因有前层焊缝的熔渣去除不干净；小电流、低速度时熔敷量过多；在坡口内进行左焊法，焊接熔渣流到熔池前面去；焊丝摆动过大。

(5) 飞溅严重。飞溅严重的原因有短路过渡时，电感量不适当；焊接电流和电压匹配不当；焊丝和焊件清理不良。

(6) 焊缝形状不规则。焊缝形状不规则的原因有焊丝未经校直或校直不好，导电嘴磨损严重而引起电弧摆动，焊丝伸出长度过大，焊接速度过低。

(7) 烧穿。产生烧穿的原因有焊接电流过大、焊接速度过慢、坡口间隙过大。

4.2　CO_2 气体保护焊操作指导

4.2.1　CO_2 气体保护焊焊前准备

1. 焊前准备

1) 设备、仪表

NBC-250 型 CO_2 气体保护半自动焊机；CO_2 气瓶、301-1 型浮子式流量计、减压阀、预热器及干燥器。

2) 焊件

每组准备两块低碳钢板，其长度为 250 mm，宽度为 120 mm，厚度为 8 mm。

3) 焊丝

H08MnSiA 系列，焊丝直径为 1.2 mm。

4) CO_2 气体纯度

CO_2 含量大于 99.5%，O_2 的含量 0.1%，含 H_2O 量小于 2g/m³。

5) 设备检查

(1) 检查送丝滚轮压力是否合适，送丝软管是否通畅，送丝压力是否合适。

(2) 清理焊枪喷嘴。在喷嘴上涂硅油可防止飞溅金属黏附在喷嘴上，或者采用机械方法清理喷嘴。

(3) 检查继电器触点接触是否良好。若有烧伤应仔细打磨烧伤处，使其接触良好。

2. 注意事项

(1) 选择正确的持枪姿势。正确的持枪姿势应满足如下条件：

① 操作时，用身体的某个部位承担焊枪的重力，通常手臂处于自然状态，手腕能灵活

带动焊枪平移或转动，不感到太累。

②　焊接时，软管电缆最小曲率半径应大于 300 mm，并可随意拖动焊枪。

③　焊接时能清楚、方便地观察熔池，并能维持焊枪倾角不变。

④　能保证焊枪在需要焊接的范围内自由移动。

(2)　焊枪与工件要保持合适的相对位置。其主要目的是正确控制焊枪与工件间的倾角和喷嘴高度，使得焊工既能方便地观察熔池，控制焊缝形状，又能可靠地保护熔池，防止出现缺陷。

(3)　使焊枪匀速向前移动。焊工应根据焊接电流的大小、熔池的形状、工件熔合情况、装配间隙、钝边大小等情况，调整焊枪移动速度，力争匀速前进。

(4)　使焊枪做摆幅一致的横向摆动。

3. 操作要领

(1)　焊前清理。主要是对焊件、焊丝表面的油、锈、水分等污物进行仔细清理。

(2)　装配定位焊。定位焊可使用优质焊条进行手工焊条电弧焊或直接采用 CO_2 半自动焊进行。定位焊的长度和间距可根据板厚和焊件的结构形式而定，一般长度以 30～50 mm 为宜，间距以 100～300 mm 为宜。

(3)　平敷焊。准备 250 mm × 120 mm × 8 mm 的低碳钢板一块，用划针在钢板上沿长度方向每 30 mm 划一条准线，然后按表 4-4 中的工艺参数进行平敷焊练习。

表 4-4　平敷焊工艺参数

焊接电流/A	电弧电压/V	焊接速度/(m/h)	CO_2 气体流量/(L/min)
110～120	20～22	20～25	9～11

(4)　操作姿势。根据工作台的高度，身体呈站立或下蹲姿势，上半身稍向前倾，脚要站稳，肩部用力使臂膀保持水平，右手握焊枪，但不要握得太死，要自然，并用手控制枪柄上的开关，左手持面罩，准备焊接。

(5)　采用爆裂引弧法引弧。引弧前，先按焊枪上的控制开关，点动送出一段焊丝，焊丝伸出长度小于喷嘴与工件间应保持的距离，超出部分应剪去。若焊丝端部出现球状时，必须预先剪去，否则引弧困难。引弧具体操作步骤如下：

①　将焊枪按要求(保持合适的倾角和喷嘴高度)放在引弧处。

②　按焊枪上的控制开关，焊机自动提前送气，延时接通电源，自动送丝，当焊丝碰撞工件短路后，自动引燃电弧。短路时，焊枪有自动抬起的倾向，故引弧时要稍用力压焊枪，防止焊枪抬起太高，电弧太长而熄灭。

为了保证引弧处的质量，对接焊时应采用引弧板，或在距板材端部 2～4 mm 处引弧，然后缓慢引向接缝的端头，待焊缝金属熔合后，再以正常焊接速度前进。通过多次反复的引弧练习，要做到引弧准、建立电弧稳定燃烧过程快。

(6)　常见的运丝方法。

①　直线移动运丝法。所谓直线移动运丝是指焊丝只沿直线运动而不做摆动，这样焊出的焊道宽度较窄。

　　在一般情况下，起始端焊道要高些而熔深要浅些。为了克服这一缺点，在引弧之后，先将电弧稍微拉长一些，对焊道端部进行适当的预热，然后再压缩电弧，进行起始端的焊接。这样可以获得具有一定熔深且成形比较整齐的焊道。

　　引弧并使焊道的起始端充分熔合后，要使焊丝保持一定的高度和角度，并以稳定的速度沿直线向前移动。

　　根据焊丝的运动方向，有右焊法和左焊法。采用右焊法时，熔池能得到良好的保护，并且其加热集中，热量可以充分利用。同时，在电弧吹力的作用下，可将熔池金属推向后方，从而得到外形比较饱满的焊道。在左向焊中，电弧对焊件金属有预热作用，能得到较大的熔宽，虽然观察熔池困难些，但能准确地掌握焊接方向，不易焊偏。但右焊法不易准确掌握焊接方向，容易焊偏。

　　一般 CO_2 半自动焊都采用带有前倾角的左焊法，前倾角为 $10°\sim15°$，如图 4-4 所示。

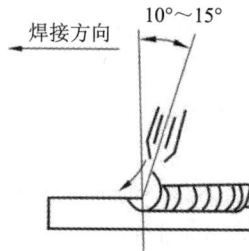

图 4-4　带有前倾角的左焊法

　　收弧时，应注意将收尾处的弧坑填满。一般说来，采用细丝 CO_2 短路过渡焊接时，其电弧长度短，弧坑较小，无须做专门的处理，只要按焊机的操作程序收弧即可。当采用粗丝大电流焊接并使用长弧时，电弧电流及电弧吹力都较大，如果收弧过快，会产生弧坑缺陷。因此，在收弧时应在弧坑处稍停留片刻，然后缓慢抬起焊枪，并在熔池凝固前继续送气。

　　焊接焊道接头时，先将待焊接头处用角向磨光机打磨成斜面，然后在斜面顶部引弧，引燃电弧后，将电弧移至斜面底部，转一圈返回引弧处后再继续向左焊接。

　　② 横向摆动运丝法。进行 CO_2 电弧焊时，为了获得较宽的焊缝，往往采用横向摆动运丝法。这种运丝方式是沿焊接方向，在焊缝中心线两侧做横向交叉摆动。根据 CO_2 半自动焊的特点，有锯齿形摆动、月牙形摆动、正三角形摆动、斜圆圈形摆动等几种方式，如图 4-5 所示。横向摆动运丝角度和起始端的运丝要领和直线移动运丝焊接时完全一样。

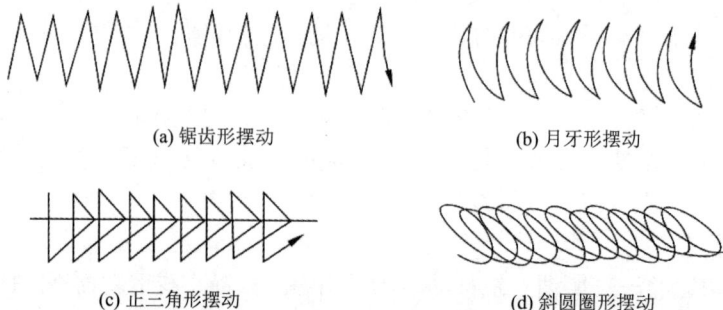

(a) 锯齿形摆动　　　　　　　　　　　　(b) 月牙形摆动

(c) 正三角形摆动　　　　　　　　　　　(d) 斜圆圈形摆动

图 4-5　CO_2 半自动焊时焊枪的横向摆动方式

横向摆动运丝法有以下基本要求:

a. 运丝时手腕辅助,以手臂操作为主,控制和掌握运丝角度。

b. 左右摆动的幅度要一致,若不一致,会出现熔深不良的现象。一般 CO_2 电弧焊摆动的幅度要比手工电弧焊小些。

c. 进行锯齿形或月牙形等摆动时,为了避免焊缝中心过热,摆到中心时,要加快速度,而到两侧时,则应稍微停顿一下。

d. 为了降低熔池温度,避免熔化金属漫流,有时焊丝可以做小幅度的前后摆动。进行这种摆动时,也要注意摆动均匀,并且向前移动焊丝的速度也要均匀。

4.2.2　开坡口水平对接焊操作

1. 装配及定位焊

取尺寸为 250 mm × 120 mm × 8 mm 的低碳钢板两块,沿长度方向用机械切削法加工出如图 4-6 所示的 V 形坡口。然后采用焊条电弧焊方法,用 E4303 焊条(直径为 4 mm)和 180～210A 的焊接电流,将焊件定位焊到长度为 300 mm、宽度为 100 mm、厚度为 2 mm 的低碳钢垫板上,装配定位焊形式如图 4-7 所示。

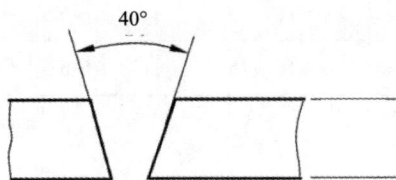

图 4-6　焊件的坡口尺寸　　　　　图 4-7　焊件装配定位焊示意图

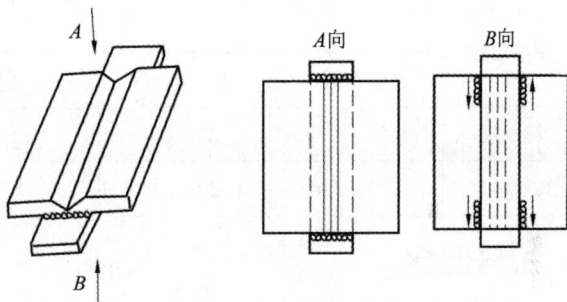

2. 焊接工艺参数选择

焊丝选用 H08MnSiA,焊丝直径为 1.2 mm。焊接工艺参数如表 4-5 所示。

表 4-5　开坡口水平对接焊工艺参数

焊接电流/A	电弧电压/V	焊接速度/(m/h)	CO_2 气体流量/(L/min)
140～160	21～23	15～25	10～15

3. 操作要领

采用左焊法,前倾角为 $10°～15°$。第一层采用直线移动运丝法进行焊接,后面各层采用月牙形或锯齿形摆动运丝法进行焊接。焊到最后一层的前一层焊道时,焊道应比焊件金属表面低 0.5～1.0 mm,以免坡口边缘熔化,导致盖面焊道产生咬边或焊偏现象。

多层焊时,要注意防止未熔合、夹渣、气孔等缺陷。发现缺陷时应采取措施及时排除,以保证焊接质量。为了减少变形,在焊接过程中可按焊条电弧焊方式采用分段焊。

4.2.3 T 形接头和搭接接头的焊接操作

1. 装配及定位焊

T 形接头焊件的定位焊如图 4-8 所示。

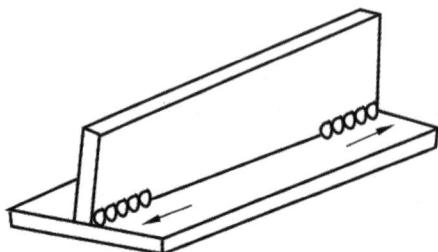

图 4-8 T 形接头焊件的定位焊

2. 焊接工艺参数选择

焊丝选用 H08MnSiA，焊丝直径为 1.2 mm。焊接工艺参数如表 4-6 所示。

表 4-6 T 形接头和搭接接头的焊接工艺参数

焊接层数	焊接参数				
	焊接电流/A	电弧电压/V	焊接速度/(m/h)	气体流量/(L/min)	焊脚尺寸/mm
第一层	150～170	21～23	20～30	10～15	6～6.5
其他各层	130～150	20～22	15～25	10～15	6～6.5

3. 操作要领

进行 T 形接头焊接时，极易产生咬边、未焊透、焊缝下垂等现象。为了防止产生这些缺陷，在操作时，除正确选用焊接工艺参数外，还要根据板厚和焊脚尺寸来控制焊丝的角度。在 T 形接头平角焊中，当两板不等厚时，要使电弧偏向厚板，以使两板加热均匀。在等厚度板上进行 T 形接头焊接时，一般焊丝与水平板夹角为 40°～50°，如图 4-9 所示。

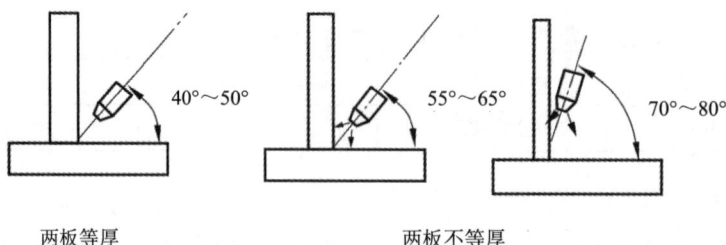

两板等厚   两板不等厚

图 4-9 T 形接头焊接时焊丝的角度

当焊脚尺寸在 5 mm 以下时，可按图 4-10 中 A 的位置将焊丝指向夹角处。当焊脚尺寸为 5 mm 以上时，可将焊丝水平移开，离夹角处 1～2 mm，这时可以得到等脚的焊缝，如图 4-10 中 B 所示，否则容易造成垂直板产生咬边和水平板产生焊瘤的缺陷。焊接过程中焊丝的前倾角为 10°～25°，采用左焊法，如图 4-11 所示。

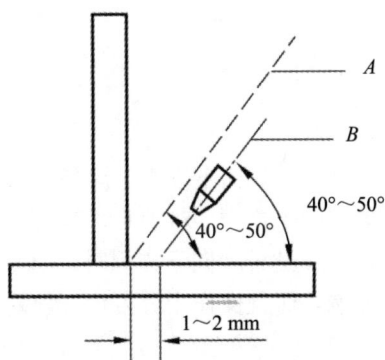

图 4-10　T 形接头焊接时焊丝的位置

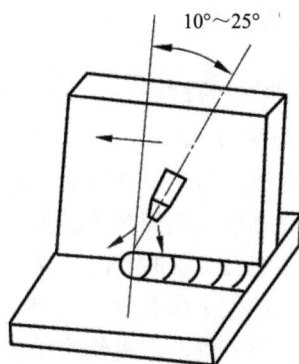

图 4-11　焊丝前倾角

焊脚尺寸小于 8 mm 时，都可采用单层焊。

(1) 焊脚尺寸小于 5 mm 时，可用直线移动运丝法和短路过渡法进行均匀速度焊接。

(2) 焊脚尺寸在 5～8 mm 时，可采用斜圆圈形运丝法，并以左焊法进行焊接，如图 4-12 所示。其运丝要领为：$a→b$ 慢速，保证水平厚板有足够的熔深，并充分焊透；$b→c$ 稍快，防止熔化金属下淌；c 处，稍作停顿，保证垂直板熔深，并要注意防止咬边现象产生；$c→b→d$ 稍慢，保证根部焊透和水平板熔深；$d→e$ 稍慢，在 e 处稍作停留。

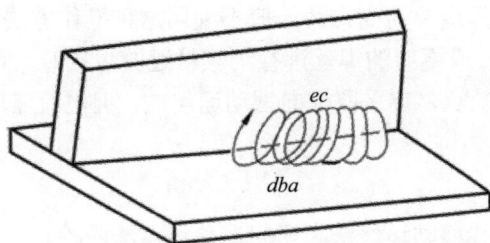

图 4-12　T 形接头焊接时的斜圆圈形运丝法

焊脚尺寸为 8～9 mm 时，焊缝可用两层两道焊。第一层用直线移动运丝法施焊，电流稍大，以保证熔深足够；第二层用斜圆圈形运丝法且采用左焊法进行焊接，电流稍偏小。

焊脚尺寸大于 9 mm 时，仍采用多层多道焊，其焊接层数可参照手弧焊的平角焊多层焊方式进行。但采用横向摆动时，第一道(第一层)采用直线移动运丝法进行焊接，第二层及后面各层可采用斜圆圈形运丝法和直线移动运丝法交叉进行焊接。

对于搭接接头的角焊，如果上下板的厚度不等，则焊丝对准的位置应有所区别。当上板的厚度较薄时对准 A 点，上板的厚度较厚时应对准 C 点，如图 4-13 所示。

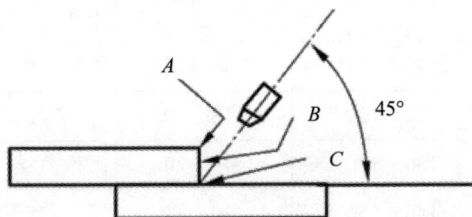

图 4-13　搭接接头的焊丝位置

4.2.4　立焊操作

1. 立焊操作特点

1) 立焊的方式

CO_2 电弧焊的立焊有两种方式,一种是向上立焊,另一种是向下立焊。焊条电弧焊采用向下立焊时需要专用焊条才能保证焊缝成形,故通常采用向上立焊。对于 CO_2 电弧焊,当采用细丝短路过渡焊接时,向下立焊能获得很好的焊缝成形。此外,向下立焊时,CO_2 气流和电弧吹力对熔池金属有承托作用,熔池金属不易下坠流淌,而且操作十分方便,焊缝成形也很美观。向下立焊时,焊丝的倾角见图 4-14。

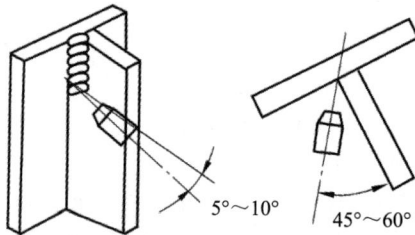

图 4-14　向下立焊时焊丝的倾角

如果像焊条电弧焊那样,采用向上立焊,那么熔池金属会因重力作用下淌,又加上电弧的吹力作用,熔深增加,焊道窄而高,故一般不采用这种操作方法。

当采用直径为 1.6 mm 或更粗的焊丝进行细颗粒过渡焊接时,可采用向上立焊。为了克服熔深大、焊道窄而高的缺点,宜采取横向摆动运丝法,但电流需取下限值,用于焊接厚度较大的焊件。

2) 立焊的运丝

立焊的运丝方法有直线移动运丝法和横向摆动运丝法两种。

直线移动运丝法适用于薄板对接的向下立焊,以及向上立焊的开坡口对接焊的第一层和 T 形接头立焊的第一层。

向上立焊的多层焊,一般在第二层以后采用横向摆动运丝法。为了获得较好的焊缝成形,多采用正三角形摆动运丝法,也可采用月牙形横向摆动运丝法。

2. 焊接工艺参数选择

焊丝选用 H08MnSiA,焊丝直径为 1.2 mm。焊接工艺参数如表 4-7 所示。

表 4-7　立焊操作的焊接工艺参数

运丝法	焊接参数			
	焊接电流/A	电弧电压/V	焊接速度/(m/h)	气体流量/(L/min)
直线移动运丝法	110～120	18～19	20～22	10～15
小月牙形摆动运丝法	130～140	19～20	18～20	10～15
正三角形摆动运丝法	140～150	20～21	15～18	10～15

3. 操作要领

焊接时，要面对焊件，上身立稳，脚呈半开步；右手握住焊枪后，手腕能自由活动，肘关节不能贴住身体；左手持面罩，方可进行焊接。

通过练习，掌握立焊的操作要领及各种运丝法在立焊中的应用。注意焊道成形要整齐，宽度要均匀，高度要合适。

1) T 形接头立焊

T 形接头立焊可以分为向下立焊和向上立焊两种，焊件装配如图 4-15 所示。

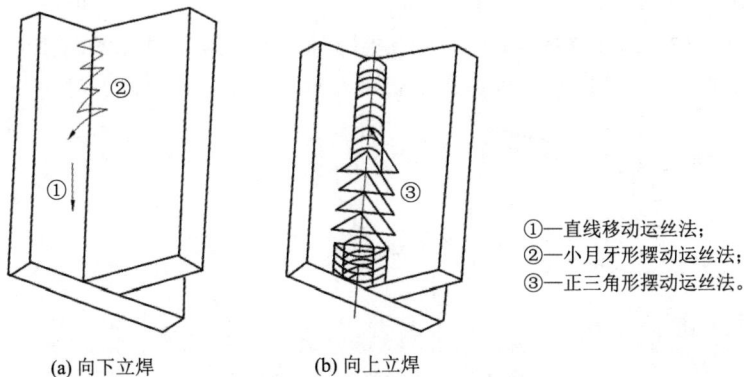

①—直线移动运丝法；
②—小月牙形摆动运丝法；
③—正三角形摆动运丝法。

(a) 向下立焊　　　(b) 向上立焊

图 4-15　向下立焊与向上立焊

取板厚为 8 mm 的焊件，采用直径为 1.2 mm 的 H08Mn2SiA 焊丝，其工艺参数参见表 4-7。

运丝特点如下：

第一层：采用直线移动运丝法，向下立焊，如图 4-15 中①所示。

第二层：采用小月牙形摆动运丝法，向下立焊，如图 4-15 中②所示。

第三层：采用正三角形摆动运丝法，向上立焊，如图 4-15 中③所示。

立焊时的焊丝角度：向下立焊时焊丝的角度如图 4-14 所示，向上立焊时可参照手工电弧焊的焊条角度。

2) 开坡口立对焊

焊件装配如同开坡口水平对接焊，焊丝选用 H08Mn2SiA，焊丝直径为 1.2 mm，焊接工艺参数和立焊一致。

操作时，焊丝角度如图 4-16 所示，采用向下立焊法。运丝时，第一层采用直线移动运丝法，第二层采用小月牙形摆动运丝法。施焊盖面焊道时，要特别注意咬边的现象。

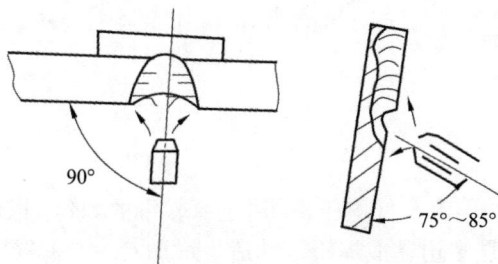

90°　　　75°～85°

图 4-16　开坡口立对焊时焊丝的角度

4.2.5　横焊操作

1. 横焊操作特点

横焊时，熔化金属易受重力作用下淌，故容易产生咬边、焊瘤和未焊透等缺陷。因此横焊时，采用的措施也和立焊相似。采用直径较小的焊丝，以适当的电流、短路过渡法和适当的运丝角度来保证焊接过程稳定，以获得成形良好的焊缝。

横焊时，一般采用直线移动运丝法，为了防止熔池温度过高，熔化金属下淌，焊丝可做小幅度的往复摆动。焊丝与焊缝垂直线间的夹角为 5°～15°，焊丝与焊道水平线的夹角为75°～85°，如图 4-17 所示。在进行多层多道横焊时，有时也模拟焊条电弧焊的方式采取斜圆圈形或锯齿形摆动法，但摆幅比焊条电弧焊要小些。

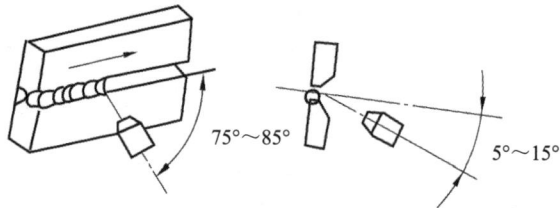

图 4-17　横焊时焊丝的角度

2. 焊接工艺参数选择

焊丝选用 H08MnSiA，焊丝直径为 1.2 mm。焊接工艺参数如表 4-8 所示。

表 4-8　横焊操作的焊接工艺参数

运丝法	焊接参数			
	焊接电流/ A	电弧电压/ V	焊接速度/(m/h)	CO_2 气体流量/ (L/min)
直线移动运丝法	110～120	18～19	18～20	18～20
横向摆动运丝法	130～140	19～20	18～20	18～22

3. 操作要领

采用多层焊将坡口填满。第一层采用直线移动运丝法进行焊接，第二层采用斜圆圈形横向摆动运丝法进行焊接。操作过程中，注意防止上部咬边，下部出现焊瘤的现象。应反复进行直线移动运丝法和横向摆动运丝法练习，练习时应保持规定的焊丝角度，并随时注意防止熔化金属下坠的现象。

4.2.6　仰焊操作

1. 仰焊操作特点

仰焊时，应尽量采用小电流和低电压，同时选择较细的焊丝，以增加焊接过程的稳定性。一般采用右焊法，通过多层多道完成焊接，并适当增加 CO_2 气体流量。

仰焊时，一般采用直线移动运丝法或锯齿形摆动运丝法。焊丝角度如图 4-18 所示。

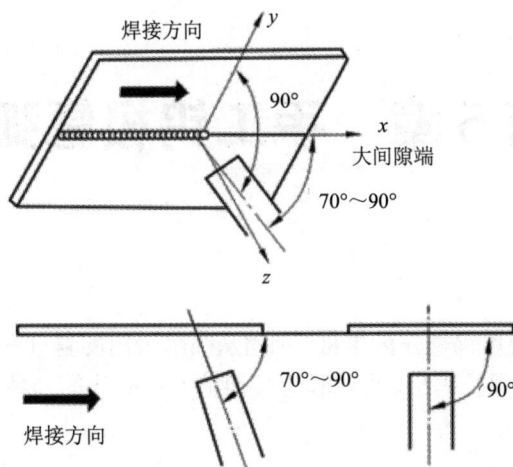

图 4-18　仰焊时焊丝的角度

2. 焊接工艺参数选择

焊丝选用 H08Mn2SiA，焊丝直径为 1.2 mm。焊接工艺参数如表 4-9 所示。

表 4-9　仰焊操作的焊接工艺参数

焊缝层	焊接参数			
	焊接电流/A	电弧电压/V	焊接速度/(m/h)	气体流量/(L/min)
打底层	90～110	18～20	18～20	12～15
盖面层	120～130	19～21	18～20	15～18

3. 操作要领

采用右焊法，用两层两道焊将坡口填满。注意试板高度，必须保证焊工单腿跪地或站立时焊枪的电缆导管有足够的长度，使腕部能有充分的空间自由活动。第一层打底焊，采用表 4-9 的工艺参数，先在试板左端离端点 20 mm 左右处引弧，电弧引燃后迅速退回试板端点，开始以锯齿形横向摆动运丝法进行焊接。在焊接过程中，要利用电弧吹力防止熔融金属下淌。完成打底焊后，用角向磨光机将焊道表面局部凸起处磨平。

盖面焊时，先在试板左端引弧，焊枪做锯齿形横向摆动，摆动幅度较大，保证坡口两侧熔合好，熔池两侧超出坡口棱边 0.5～1.5 mm，控制摆动幅度、频率和焊接速度，防止焊道两侧咬边，中间下坠。

第5章 手工钨极氩弧焊

手工钨极氩弧焊是使用钨棒作为电极，利用从喷嘴流出的氩气在电弧和焊接熔池周围形成连续封闭的气流，从而保护钨极、焊丝和焊接熔池不被氧化的一种手工操作的气体保护焊，如图 5-1 所示。

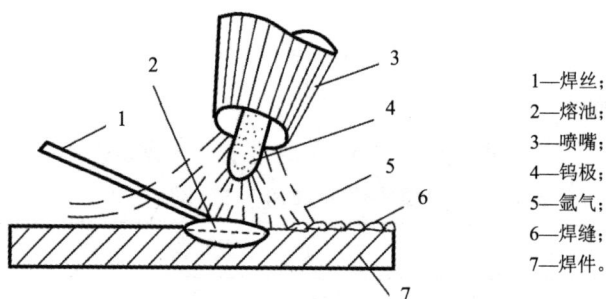

1—焊丝；
2—熔池；
3—喷嘴；
4—钨极；
5—氩气；
6—焊缝；
7—焊件。

图 5-1 手工钨极氩弧焊示意图

手工钨极氩弧焊可分为添加焊丝和不添加焊丝两种操作方法。添加焊丝的操作方法是右手握焊枪，左手持焊丝，顺着焊接方向自右向左移动，面罩一般采用头盔式。不添加焊丝的操作方法比较简单，只要右手握住焊枪移动即可。

5.1 手工钨极氩弧焊基础知识

1. 手工钨极氩弧焊机

1) 焊机的组成

手工钨极氩弧焊机一般用于 6～8 mm 以下的薄板焊件的焊接。目前常用的是 NSA-500-1 型手工钨极氩弧焊机。它主要由焊接电源、控制箱、供气系统、冷却系统及焊枪等部分组成，其外部接线如图 5-2 所示。该焊机的工作电压为 20 V，焊接电流调节范围为 50～500A。

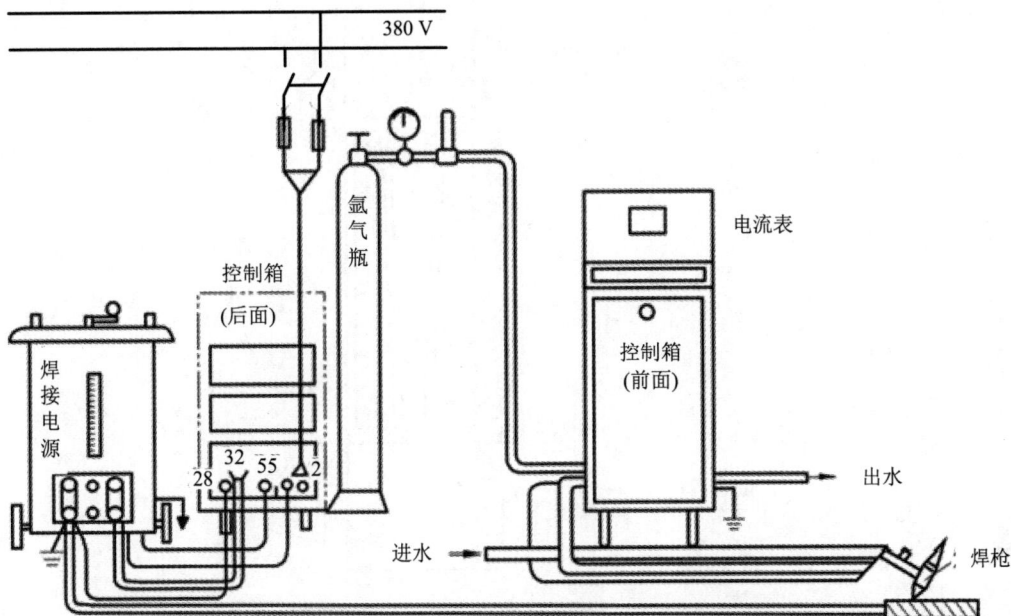

图 5-2　NSA-500-1 型手工钨极氩弧焊机的外部接线图

(1) 焊接电源。该焊机的焊接电源采用具有陡降外特性的 BX3-1-500 型动圈式弧焊变压器。

(2) 控制箱。控制箱内装有交流接触器、脉冲引弧器、脉冲稳弧器、延时继电器、电磁气阀等控制元件。控制箱上装有电流表、电源与水流指示灯、电源转换开关、气流检查开关等元件。

(3) 供气系统。供气系统包括氩气瓶、减压器、流量计及电磁气阀，如图 5-3 所示。

① 氩气瓶。氩气瓶外表为灰色，并用绿漆标以"氩气"字样。氩气瓶的最大压力为 15 MPa，容积一般为 40 L。

② 减压器。通常采用氧气减压器。

③ 流量计。通常采用 LZB 型转子流量计，如图 5-4 所示。

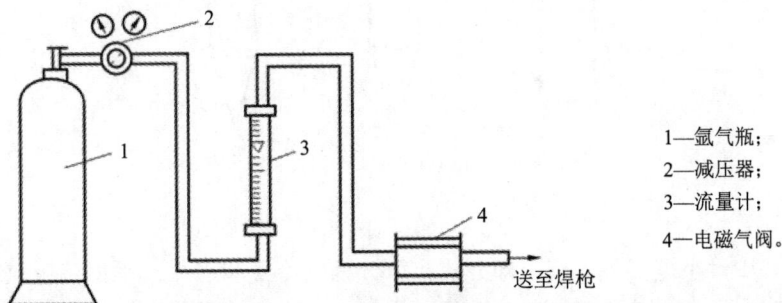

1—氩气瓶；

2—减压器；

3—流量计；

4—电磁气阀。

图 5-3　手工钨极氩弧焊机的供气系统

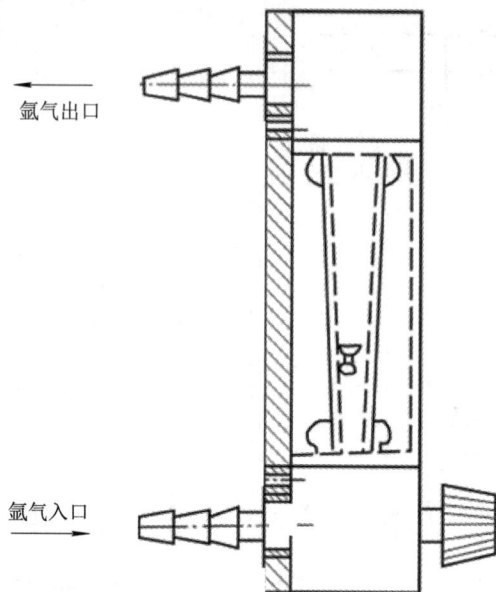

图 5-4   LZB 型转子流量计结构示意图

④ 电磁气阀。电磁气阀由延时继电器控制，可起到提前供气和滞后停气的作用。

(4) 冷却系统。通水冷却的目的是冷却焊接电缆、焊枪和钨极。当使用电流小于 150A 时，可不需要通水冷却；当使用电流超过 150A 时，必须通水冷却并用水压开关进行控制，当水压太低或断水时，水压开关会自动切断电源，可避免焊枪导电部分烧毁。

(5) 焊枪。焊枪由枪体、钨极夹头、钨极、进气管、喷嘴等几部分组成。

① 喷嘴。通常采用陶瓷喷嘴，其形状有圆柱形和圆锥形两种。

② 钨极。一般采用钍钨极和铈钨极。钨极直径有 0.5、1、1.6、2、2.4、3.2、4、5 和 6.3 (单位为 mm)几种，钨极端部形状有圆珠形、平底锥形和尖锥形三种，如图 5-5 所示。交流钨极氩弧焊时，一般采用圆珠形。直流钨极氩弧焊下，大电流时采用平底锥形，小电流时采用尖锥形。

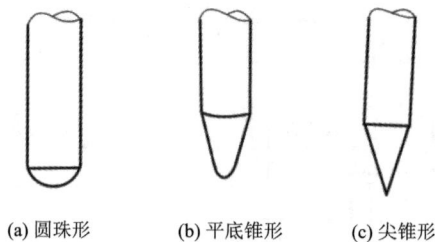

(a) 圆珠形   (b) 平底锥形   (c) 尖锥形

图 5-5   钨极端部形状

焊枪有大、中、小型三种，按冷却方式，可分为气冷式和水冷式手工钨极氩弧焊枪，如图 5-6 和图 5-7 所示。使用电流在 150A 以下时用气冷式手工钨极氩弧焊枪，使用电流在 150A 以上时用水冷式手工钨极氩弧焊枪。

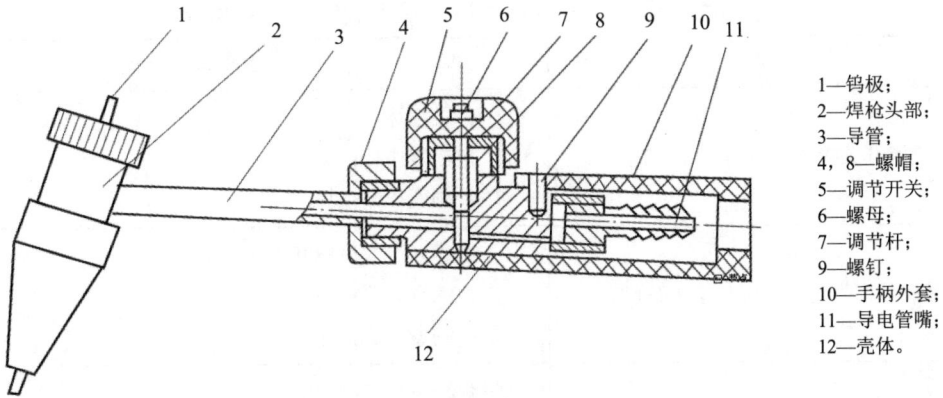

1—钨极；
2—焊枪头部；
3—导管；
4，8—螺帽；
5—调节开关；
6—螺母；
7—调节杆；
9—螺钉；
10—手柄外套；
11—导电管嘴；
12—壳体。

图 5-6　气冷式手工钨极氩弧焊枪

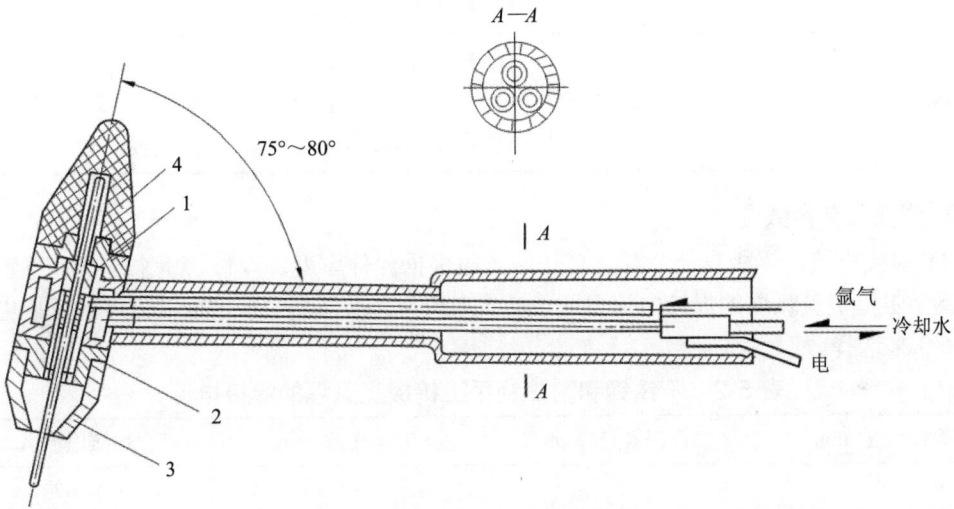

1—钨极夹头；2—气体透镜；3—陶瓷喷嘴；4—压帽。

图 5-7　水冷式手工钨极氩弧焊枪

氩气保护效果是评定焊枪工作性能好坏的重要指标之一。通常用焊点试验法进行测试。采用交流手工钨极氩弧焊，在铝板上点焊。试验过程中保持氩气流量、焊接电流、电弧长度和通电时间不变，电弧引燃后固定不动，待燃烧 5～6 s 后断开电源，铝板上就会出现一个焊点，在焊点周围会出现一圈具有金属光泽的银白色区域，称为去氧化膜区，如图 5-8 所示。去氧化膜区是氩气的有效保护区，其直径越大，保护效果越好。

2) **焊机的常见故障及产生原因**

手工钨极氩弧焊机的常见故障及产生原因见表 5-1。

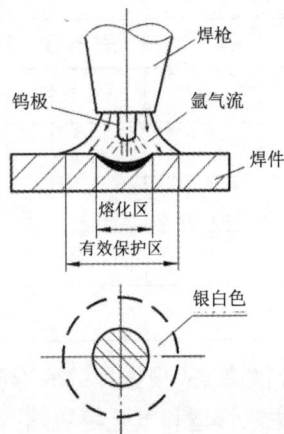

图 5-8　氩气的有效保护区(去氧化膜区)

表 5-1　手工钨极氩弧焊机的常见故障及产生原因

故　障	产生原因
电源开关接通，但指示灯不亮	① 开关损坏； ② 熔断器烧坏； ③ 控制变压器损坏
控制线路有电，但焊机不能启动	① 脚踏开关或焊枪开关接触不良； ② 启动继电器或热继电器故障； ③ 控制变压器损坏
有振荡放电，但引不起弧	① 焊接电源接触器故障； ② 控制线路故障； ③ 焊件接触不良
电弧引燃后，焊接过程中电弧不稳定	① 稳弧器故障； ② 直流分量的元件故障； ③ 焊接电源故障

2. 焊接工艺参数选择

(1) 焊接电流、钨极直径、焊丝直径：一般根据焊件厚度、焊件材质来选择。不锈钢和耐热钢手工钨极氩弧焊的焊接电流参照表 5-2 来选择。铝合金手工钨极氩弧焊的焊接电流参照表 5-3 来选择。

表 5-2　不锈钢和耐热钢手工钨极氩弧焊的焊接电流

焊件厚度/ mm	钨极直径/ mm	焊丝直径/ mm	焊接电流/A
1	2	1.6	40～70
1.5	2	1.6	50～85
2	2	2.0	80～130
3	2～3	2.0	120～160

表 5-3　铝合金手工钨极氩弧焊的焊接电流

焊件厚度/ mm	钨极直径/ mm	焊丝直径/ mm	焊接电流/A
1.5	2	2	70～80
2	2～3	2	90～120
3	3～4	2	120～180
4	3～4	2.5～3	120～240

(2) 焊接速度：根据焊缝成形和氩气保护效果确定。若焊速太快，则氩气保护效果变差，焊缝易产生未焊透和气孔等缺陷；反之，若焊速太慢，则焊缝容易烧穿和咬边。

(3) 焊接电源的类别和极性：根据被焊材料选择。常见金属材料手工钨极氩弧焊时电源的类别和极性的选择见表 5-4。

表 5-4　常见金属材料手工钨极氩弧焊时电源的类别和极性的选择

材　料	直　流		交　流
	正极性	反极性	
铝及其合金	×	○	△
黄铜及铜合金	△	×	○
铸铁	△	×	○
低碳钢、低合金钢	△	×	○
高合金钢、镍与镍合金不锈钢	△	×	○
钛合金	△	×	○

注：△—最佳；○—可用；×—最差。

(4) 电弧长度：在保证电弧不短路的情况下，尽量采用短弧焊接。

(5) 喷嘴直径和氩气流量：喷嘴直径一般为 12～16 mm，可根据焊件厚度和焊接电流大小选择；氩气流量应与喷嘴直径相匹配，以达到良好的保护效果。

(6) 喷嘴至焊件的距离：一般为 8～14 mm。

(7) 钨极伸出长度：一般为 3～4 mm。

3. 注意事项

(1) 焊机必须可靠接地。

(2) 使用焊机前，必须检查水路和气路，保证焊接前供水、供气正常，不允许漏气和漏水。

(3) 工作前要穿好工作服和胶鞋。

(4) 打磨钨极时，必须使用装有除尘设备或有良好抽风装置的砂轮机。

(5) 在引弧和施焊时，要注意用避光板挡住弧光。

(6) 焊接过程中，避免钨极与焊件接触(即短路)或钨极与焊丝接触。

(7) 工作完毕或临时离开工作场地时，必须切断焊机电源及水、气开关。

5.2　手工钨极氩弧焊操作指导

5.2.1　平敷焊操作

1. 焊前准备

(1) WSJ-300 型氩弧焊机或 NSA4-300 型氩弧焊机。

(2) 氩气瓶。

(3) QD-1 型单级作用式减压器。

(4) LZB 型转子流量计。

(5) 气冷式手工钨极氩弧焊枪，铈钨极，直径为 2 mm。

(6) 焊件：不锈钢板，长 200 mm、宽 100 mm、厚 2 mm；铝板，长 200 mm、宽 100 mm、厚 2 mm。

(7) 焊丝：不锈钢焊丝，直径为 2 mm；铝合金焊丝，直径为 2 mm。

(8) 保护用品：面罩、工作服、胶鞋、手套。

2. 操作要领

(1) 引弧。通常采用引弧器进行引弧。先在钨极与焊件之间保持一定距离，然后接通引弧器，在高频高压电流或高压脉冲电流的作用下，使氩气电离而引燃电弧。这种引弧方法能在焊接位置直接引弧。

(2) 收弧。在焊接直焊缝时，可采用引出板熄弧，焊后再将引出板切除。

使用带有电流衰减装置的氩弧焊机焊接时，先将熔池填满，然后按电流衰减按钮，使焊接电流逐渐减小，最后将电弧熄灭。

(3) 在不锈钢板上平敷焊。用右手握焊枪，用食指和拇指夹住枪身前部，其余三指触及焊件作支点，也可用其中两指或一指作支点。要稍用力握住，这样能使电弧稳定。左手持焊丝，严防焊丝与钨极接触。

焊接电流采用 60～80A，钨极直径为 2 mm，焊丝直径为 2 mm。氩气流量通过观察氩气保护情况进行判断和调整。焊枪、焊丝和焊件之间的相对位置如图 5-9 所示。

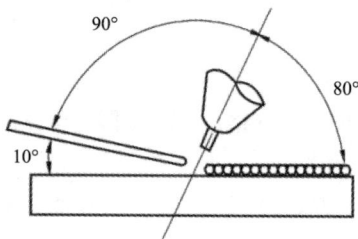

图 5-9　焊枪、焊丝和焊件之间的相对位置

采用左焊法进行焊接，电弧引燃后，不要急于送丝，要稍停留一定时间，使基体金属形成熔池后，立即添加焊丝，以保证熔敷金属和基体金属很好地熔合。

在焊接过程中，焊枪应保持均匀的直线运动。焊丝的送入方法是使焊丝做往复运动，当填充焊丝末端送入电弧区熔池边缘上被熔化后，将填充焊丝移出熔池，然后将焊丝重复送入熔池，但焊丝端头不能离开氩气保护区。

焊接焊道接头时，要用电弧把原熔池的焊道金属重新熔化，形成新的熔池后再加焊丝，并与前焊道重叠 5 mm 左右，在重叠处要少加焊丝，使接头处圆滑过渡。

(4) 在铝板上平敷焊。

① 焊件表面清理。

a. 化学清洗法。

除油污：用汽油、丙酮、四氯化碳等有机溶剂擦净铝表面的油污。

除氧化膜：首先将焊件和焊丝放在碱性溶液中浸蚀，取出后用热水冲洗，随后将焊丝和焊件在硝酸溶液中进行中和，最后将焊件或焊丝在流动冷水中冲洗干净并烘干。

b. 机械清理法。在去除油污后，用钢丝刷将焊接区域表面刷净直至露出金属光泽。

② 铝合金手工钨极氩弧焊电源的选择。通常采用交流焊接电源。

③ 焊接工艺参数的选择。选用的钨极直径为 2 mm，焊丝直径为 2 mm，焊接电流为 70～100 A。氩气流量通过氩气保护情况进行判断和调整。

④ 焊接。采用左焊法进行焊接，焊枪、焊丝与焊件之间的相对位置如图 5-10 所示。

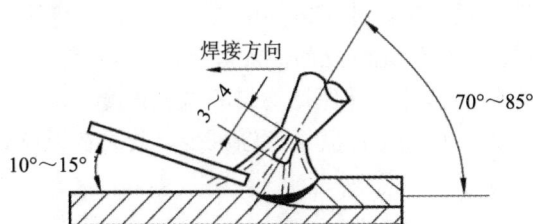

图 5-10　焊枪、焊丝与焊件之间的相对位置

焊枪操作方法用等速运行法，送丝方法采用断续点滴法，焊丝在氩气保护层内往复断续地送入熔池。此方法下电弧比较稳定，焊后焊缝表面呈清晰而均匀的鱼鳞波纹。收弧时，应采取有鱼鳞纹的收弧措施，以保证收弧质量。

3. 注意事项

(1) 要求操作姿势正确。

(2) 钨极端部严禁与焊丝相接触，避免短路。

(3) 要求焊缝成形美观，均匀一致，笔直度好，鱼鳞波纹清晰。

(4) 注意氩气保护效果，使焊道表面有光泽。

(5) 要求焊道无粗大焊瘤。

5.2.2　平对接焊操作

1. 焊前准备

(1) WSJ-300 型氩弧焊机。

(2) 氩气瓶。

(3) QD-1 型单级作用式减压器。

(4) LZB 型转子流量计。

(5) 气冷式手工钨极氩弧焊枪，铈钨极，钨极直径为 2 mm。

(6) 铝合金焊件：长 200 mm、宽 100 mm、厚 2 mm，每组两块。

(7) 铝合金焊丝，焊丝直径为 2 mm。

(8) 面罩(选用 9 号黑玻璃)。

(9) 辅助工具：活扳手、钢丝钳、手锤。

(10) 防护用品：工作服、手套、口罩、胶鞋。

2. 操作要领

(1) 焊件和焊丝表面清理。将焊件和焊丝用汽油或丙酮清洗干净，然后将焊件和焊丝放在硝酸溶液中进行清洗，使表面光洁，再用热水冲洗干净并烘干。

(2) 定位焊。定位焊时，可先焊中间再焊两端，也可先焊两端再焊中间。定位焊时，用短弧焊，定位焊缝不要大于正式焊缝宽度的75%。

(3) 焊接工艺参数的选择。选用的钨极直径为2 mm，焊丝直径为2 mm，焊接电流为90～100 A。氩气流量通过观察氩气保护情况进行判断和调整。

(4) 焊接。采用左焊法进行焊接。焊枪与焊件之间的相对位置如图5-10所示。钨极伸出长度为3～4 mm。钨极端部要对准焊件接缝的中心线，防止焊缝偏移和熔合不均匀。在起焊处要停留一段时间，待焊件开始熔化时立即添加焊丝，焊丝的添加和焊枪的运行动作要配合好。焊枪应均匀而平稳地向前移动，并保持均匀的电弧长度。氩弧焊机上有电流衰减装置，一旦断开焊枪上的按钮开关，焊接电流就会逐渐减少，此时在弧坑处补充少量的焊丝即可。

3. 注意事项

(1) 要求焊缝笔直，高度、宽度均匀一致，焊缝背面焊透均匀，不允许有未焊透、焊瘤、气孔、裂纹、夹渣等缺陷存在。

(2) 要求焊缝成形美观，表面鱼鳞波纹清晰，表面呈银白色并具有明亮的色泽。

5.2.3　平角焊操作

1. 焊前准备

(1) WSJ-300型氩弧焊机或NSA4-300氩弧焊机。

(2) 气冷式手工钨极氩弧焊枪，铈钨极，钨极直径为2mm。

(3) 焊件：不锈钢板，长200 mm、宽50 mm、厚2 mm。

(4) 不锈钢焊丝，焊丝直径为2 mm。

(5) 其他用具同5.2.2节。

2. 操作要领

(1) 焊件清理。用机械抛光轮或砂布将待焊处20～30 mm范围内的氧化皮清除干净。

(2) 定位焊。定位焊缝间距由焊件厚度及焊缝长度来决定。焊件越薄，焊缝越长，定位焊缝间距越小。当焊件厚度为2～4 mm时，定位焊缝间距一般为20～40 mm，定位焊缝距两边缘为5～10 mm。定位焊缝的宽度和余高不应大于正式焊缝的宽度和余高。定位焊点的顺序如图5-11所示。定位焊后应进行校正。

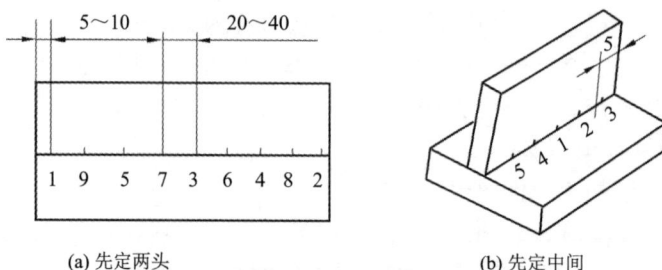

(a) 先定两头   (b) 先定中间

图5-11　定位焊点的顺序

(3) 焊接工艺参数的选择。选用的钨极直径为 2 mm，焊丝直径为 2 mm，焊接电流为 100～120 A。氩气流量根据氩气保护效果进行判断和调整。

(4) 焊接。焊接时采用左焊法，焊枪、焊丝与焊件之间的相对位置如图 5-12 所示。在焊接过程中，要求焊枪运行平稳，送丝均匀，保持电弧稳定燃烧，以保证焊接质量。

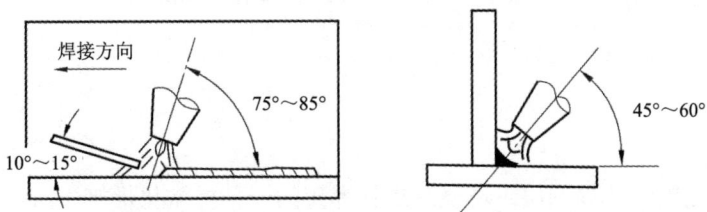

图 5-12　焊枪、焊丝与焊件之间的相对位置

在实际施工条件允许的情况下，我们会将平角焊转动成船形焊，即将 T 字形或角接头转动 45°，如图 5-13 所示，使平角焊接头呈水平状态。船形焊对熔池保护性好，可采用大电流焊接，而且操作容易掌握，焊缝成形也好。

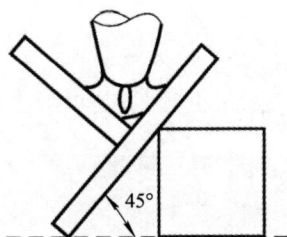

图 5-13　船形焊

平外角焊如图 5-14 所示。操作方法和平对接焊基本相同。焊接间隙越小越好，以避免烧穿。焊接时采用左焊法，钨极对准焊缝中心线，焊枪均匀平稳地向前移动，焊丝断续地送入熔池。平外角焊保护性差，为了改善保护效果，可用 W 形挡板，如图 5-15 所示。

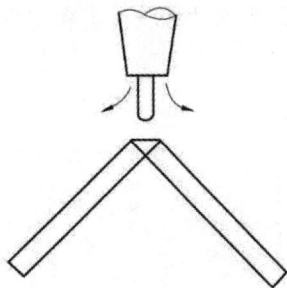

(a) W形挡板　　　　　　(b) W形挡板的应用

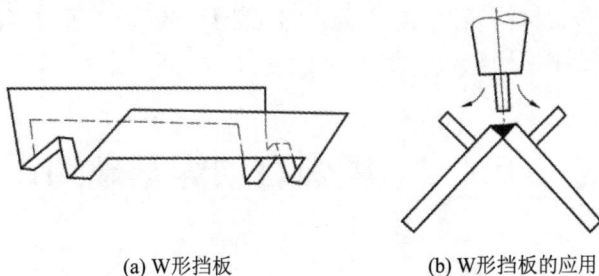

图 5-14　平外角焊　　　　　图 5-15　W 形挡板的应用

3. 注意事项

(1) 要求焊缝平整，焊缝波纹均匀，无焊瘤。

(2) 在板厚相同的条件下，不允许出现焊缝两边焊脚不对称的现象。

(3) 焊缝根部要焊透，焊缝收尾处不允许有弧坑和弧坑裂纹。

第6章　埋弧自动焊

　　埋弧自动焊是电弧在焊剂层下燃烧时进行焊接的一种机械化焊接方法。埋弧自动焊的焊接过程如图6-1所示。

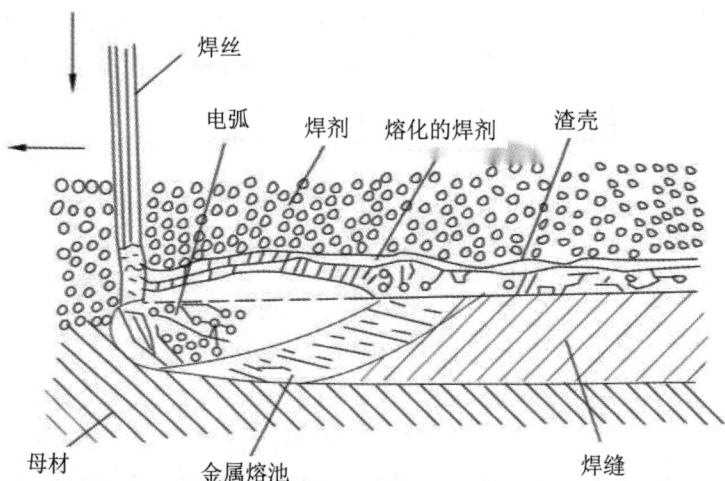

图6-1　埋弧自动焊焊接过程示意图

　　埋弧自动焊具有生产效率高、焊接质量稳定、劳动强度低、无弧光刺激、有害气体和烟尘少、节省材料等优点。因此,它在船只、锅炉、压力容器、大型钢结构、桥梁和工程机械等的制造中应用较为广泛。

6.1　埋弧自动焊基础知识

1. 埋弧自动焊机

现以 MZ-1000 型埋弧自动焊机为例介绍。

MZ-1000 型埋弧自动焊机由 MZT-1000 型自动焊接小车、MZP-1000 型控制箱和 BX2-1000 型焊接变压器三部分构成。其送丝方式为等速送丝式,焊丝直径为 3~6 mm,送丝速度为 0.8~3.4 cm/s,焊接速度为 0.4~2.5 cm/s,焊接电流为 400~1200A;适合焊接水平位置或倾角不大于 15° 的各种对接、搭接和角接焊缝,并可借助变位器等辅助装置进行圆筒形焊件的内、外环焊缝的焊接。

1) MZT-1000 型自动焊接小车

MZT-1000 型自动焊接小车的示意图如图 6-2 所示。

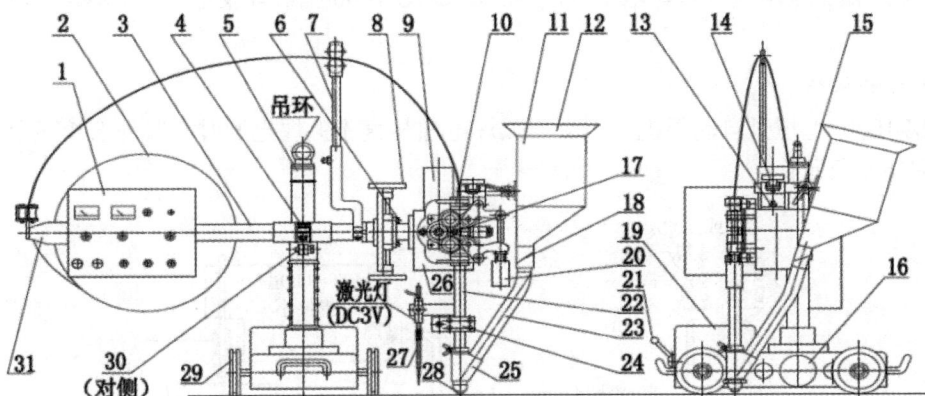

1—控制箱；2—焊丝盘；3—横梁；4，30—M10 六角螺栓；5—立柱；6—M8 六角螺栓；7—导丝架；8—升降拖板手轮；9—送丝电机；10—机头托架总成；11—焊剂；12—焊剂斗滤网；13—M8 六角螺母；14—星形手轮；15—调位紧定手柄；16—波形手轮；17—校直轮；18—焊剂斗开关；19—机座；20—压力调节手柄；21—离合器手柄；22—焊枪杆；23—出料管；24—导电板；25—三角焊剂漏斗；26—送丝减速箱；27—指针；28—出料套；29—行走轮；31—丝盘引丝架。

图 6-2 MZT-1000 型自动焊接小车示意图

部分功能如下：

(1) 送丝小车的行走与停止：扳动离合器手柄 21 至 "自动"（即合上离合器），送丝小车可自动行走；扳动离合器手柄 21 至 "手动"（即脱开离合器），送丝小车停止自动行走，可手推移动。

(2) 立柱的移动：转动波形手轮 16，立柱可移动。

(3) 横梁的升降：松开 M10 × 30 六角螺栓 30，横梁可依托弹簧的弹力向上或施力压缩弹簧向下。

(4) 机头的升降：旋转拖板手轮 8，拖板带动机头可升降。

(5) 机头的移动：面向控制箱面板，松开 M10 × 30 六角螺栓 4，机头可随横梁左右移动。

(6) 横梁绕立柱旋转：松开 M10 × 30 六角螺栓 30，横梁可绕立柱 5 旋转±90°。

(7) 机头回转：松开拖板回转盘上部的 1 只 M8 六角螺栓，机头可回转 45°。

(8) 焊枪偏转：松开机头托架总成上的两只滚花螺钉（不需要拆下），用专用套筒扳头松开机头托架总成上的两个 M8 六角螺母，托架连同焊枪可偏转 45°，调整偏转角度后，旋紧两只滚花螺钉。

2) MZP-1000 型控制箱

MZP-1000 型控制箱内装有电动机-发电机组、中间继电器、交流接触器、变压器、整流器、镇定电阻和开关等电器元件，用于与焊接小车上的控制元件配合，实现送丝、焊接小车拖动控制以及电弧电压反馈自动调节。

3) 焊接电源

埋弧自动焊可以采用交流或直流弧焊电源。采用交流焊弧电源时，一般配用 BX2-1000 型弧焊变压器。采用直流弧焊电源时，可配用 ZDG-1000 型弧焊发电机或 ZXG-1000 型弧焊整流器。

4) 外部接线

MZ-1000 型埋弧自动焊机使用交流弧焊电源与直流弧焊电源时，其外部接线分别如图 6-3 和图 6-4 所示。

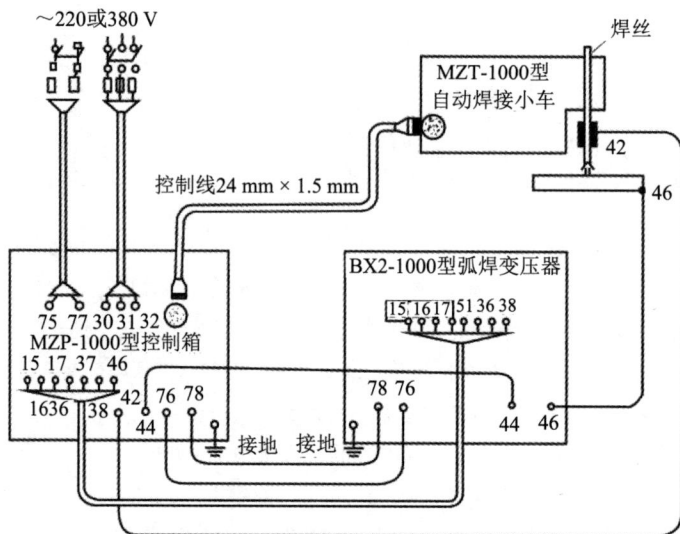

图 6-3　MZ-1000 型埋弧自动焊机外部接线图(使用交流弧焊电源)

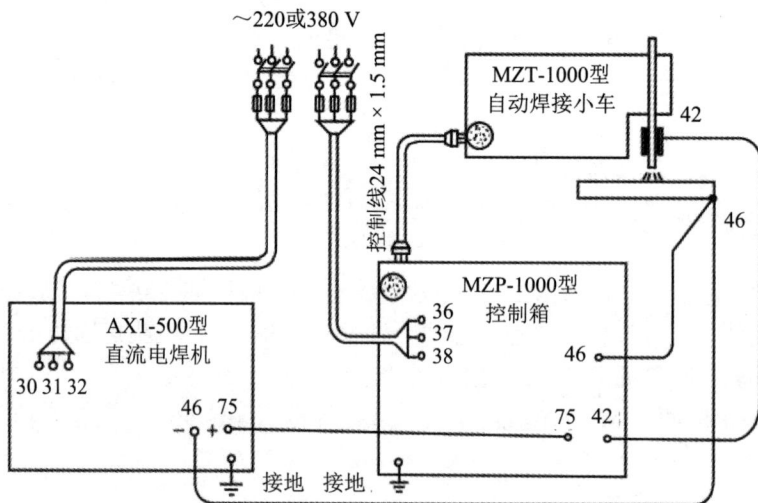

图 6-4　MZ-1000 型埋弧自动焊机外部接线图(使用直流弧焊电源)

5) 常见故障及排除方法

常见故障及排除方法见表 6-1。

表 6-1　埋弧自动焊机常见故障与排除方法

故障性质	产生原因	排除方法
按焊丝向上或向下按钮时,送丝电动机不动作或动作不对	① 送丝电动机有故障; ② 电动机电源线路接点断开或损坏	① 修理送丝电动机; ② 检查电源线路接点并修复
按启动按钮后,不见电弧产生,焊丝将机头顶起	焊丝与焊件未形成电接触	清理接触部位
按启动按钮,线路工作正常,但引不起弧	① 焊接电源未接通; ② 电源接触器接触不良; ③ 焊丝与焊件接触不良	① 接通焊接电源; ② 检查并修复接触器; ③ 清理焊丝与焊件的接触点
启动后焊丝一直上抽	① 机头上电弧电压反馈引线未接或断开; ② 焊接电源未启动	① 接好引线; ② 启动焊接电源
启动后焊丝粘住焊件	① 焊丝与焊件接触太紧; ② 焊接电压太低或焊接电流太小	① 保证接触可靠但不要过紧; ② 调电流、电压到适当值
线路工作正常,焊接工艺参数正确,但焊丝传送不均,电弧不稳	① 送丝压紧轮磨损或压得太松; ② 焊丝被卡住; ③ 焊丝给送机构有故障; ④ 网路电压波动太大; ⑤ 导电嘴导电不可靠,焊丝脏	① 调整或更换压紧轮; ② 清理焊丝,使其顺畅送进; ③ 检查并修复送丝机构; ④ 焊机应使用专用线路,使网路电压稳定; ⑤ 更换导电嘴,清除焊丝上的脏物
启动小车不动或焊接过程中小车突然停止	① 离合器未合上; ② 行车速度旋钮在最小位置; ③ 空载焊接开关在空载位置	① 合上离合器; ② 将行车速度调到所需要的值; ③ 拨到焊接位置
焊丝没有与焊件接触,焊接回路即带电	焊接小车与焊件之间绝缘不良或损坏	检查小车车轮绝缘,检查焊车下面是否有金属与焊件短路
焊接过程中机头或导电嘴的位置不时改变	焊接小车有关部位间隙大或机件磨损	调整到适当间隙,更换磨损件
焊机启动后,焊丝周期性地与焊件粘连或常常断弧	① 粘连的原因是电弧太低、焊接电流太小或网路电压太低; ② 常常断弧的原因是电弧电压太高、焊接电流太大或网路电压太高	① 调整电弧电压和焊接电流; ② 等网路电压正常后再进行焊接
导电嘴以下焊丝发红	① 导电嘴导电不良; ② 焊丝伸出长度太长	① 更换导电嘴; ② 调节焊丝伸出长度至适当值
导电嘴末端熔化	① 焊丝伸出长度太短; ② 焊接电流太大或焊接电压太高; ③ 引弧时焊丝与焊件接触太紧	① 增加焊丝伸出长度; ② 调到合适的工艺参数; ③ 使其接触可靠但不要太紧
停止焊接后焊丝与焊件粘连	MZ-1000 型埋弧自动焊机的停止按钮未分两步按,而是一次按下	按照焊机的规定程序操作停止按钮,先按断送丝电源,后按断焊接电源

2. 埋弧自动焊的辅助设备

(1) 焊接小车导轨。焊接直缝时，需将焊接小车放在导轨上行走。常用焊接小车导轨的形状见图 6-5。导轨由两根角钢组成，一根角钢直边向上，使焊接小车橡皮滚轮的凹槽嵌在其中，起导向作用；另一根角钢平面向上，使焊接小车便于行走。导轨的长度应超出所焊直缝的长度。

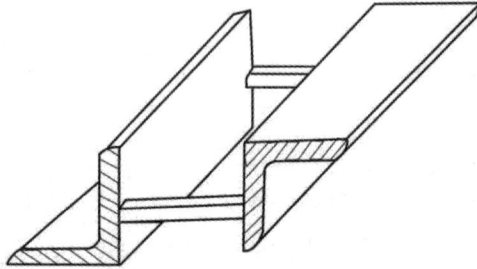

图 6-5　焊接小车导轨

(2) 立柱式自动焊接操作机如图 6-6 所示。该操作机的横梁可做垂直等速运动和水平无级调速运动，台车做匀速运动，立柱可±180°回转。以规定的焊接速度沿预定的路线移动焊机，能将焊机送到并保持在待焊的位置上。因此，它能在多种工位(如内外环缝、内外纵缝、表面堆焊)上实现焊接。

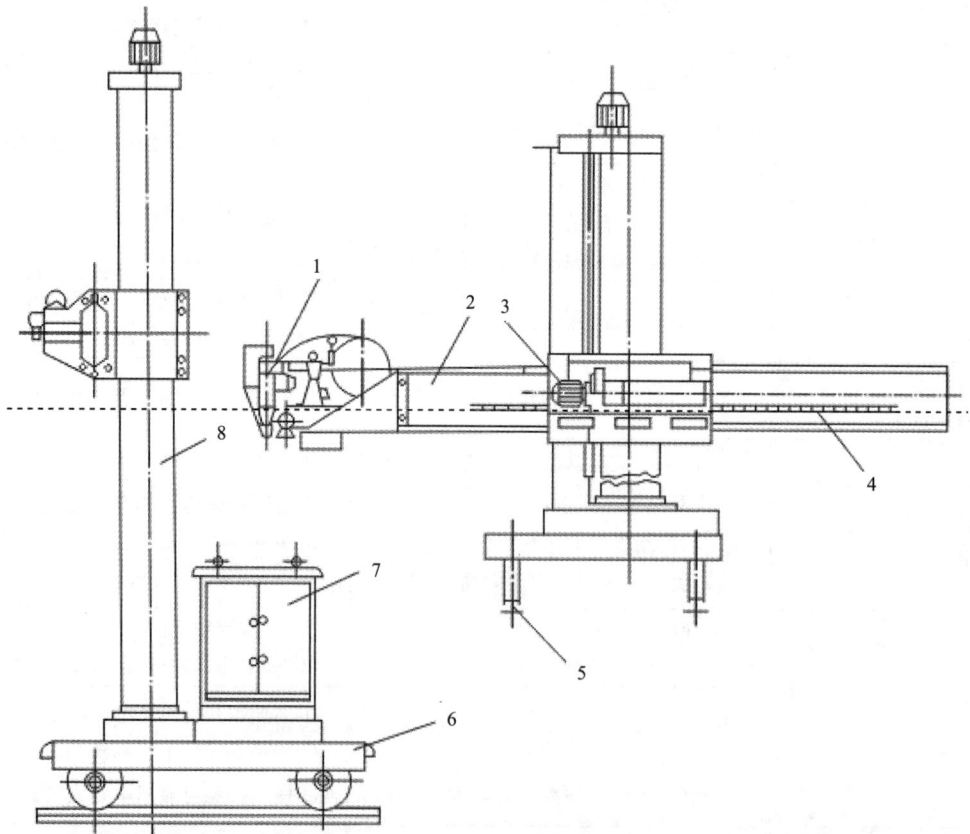

1—自动焊接小车；2—横梁；3—横梁进给机构；4—齿条；5—钢轨；6—台车；7—焊接电源及控制箱；8—立柱。

图 6-6　立柱式自动焊接操作机

(3) 龙门式自动焊接操作机。它通常为四柱门式结构，内设一个可升降的操作平台，焊机固定在操作平台上，操作机可在轨道上行走。当焊件(圆筒形)在滚轮架上旋转时，可焊接外环缝。当自动焊机在操作平台上横向行走时，可以焊接外直缝。

龙门式自动焊接操作机的构造如图 6-7 所示。

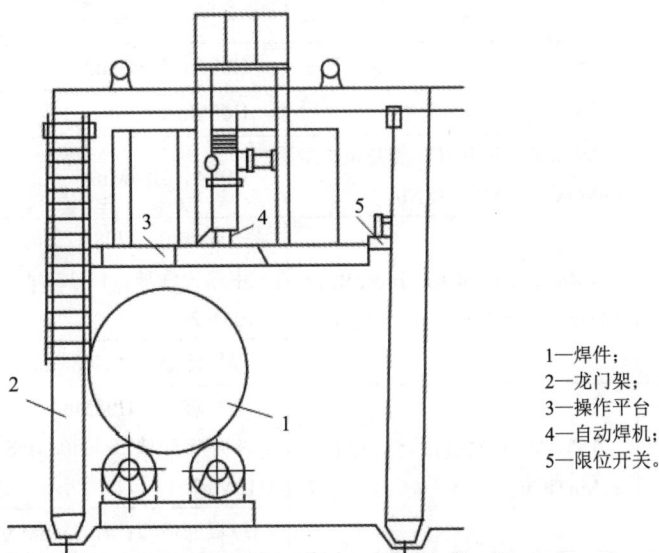

1—焊件；
2—龙门架；
3—操作平台
4—自动焊机；
5—限位开关。

图 6-7　龙门式自动焊接操作机

(4) 焊接滚轮架。它是利用滚轮与焊件之间的摩擦力来带动焊件旋转的一种装置，适用于筒体、管道及球形焊件的内、外环缝焊接，其构造如图 6-8 所示。

图 6-8　焊接滚轮架

滚轮有钢轮、橡胶轮及组合轮等多种形式。一台焊接滚轮架至少有两对滚轮：一对为主动滚轮，另一对为从动滚轮。主动滚轮大都采用无级调速，其外缘的线速度即为焊接速度，其电动机的开关装在焊机的控制盘上，使焊机启动时可以联动，以保证焊接正常。为了保证滚轮架运行安全可靠及焊件转速均匀稳定，应使焊件截面中心与两个滚轮中心连线的夹角在 50°～110°。超出这个范围，应该调节滚轮中心距，或更换滚轮架。

3. 焊接材料

(1) 焊丝。对于低碳钢焊件，使用的焊丝牌号有 H08、H08A、H08MnA 等。焊丝直径有 2、3、4、5、6(单位为 mm)等几种规格。焊丝在使用前应进行除锈、除油工作。

(2) 焊剂。焊接低碳钢时常用的焊剂的牌号是 HJ431，该焊剂属高锰、高硅、低氟型焊剂，满足交、直流两用，直流电源时采用反接。焊剂在使用前需在 200~250℃ 下烘干 1~2h。

应根据焊件的化学成分和机械性能、焊件厚度、接头形式、坡口尺寸及其工作条件等因素选用焊丝与焊剂。采用埋弧自动焊焊接碳钢与合金结构钢时焊丝和焊剂的选用见表 6-2。

表 6-2　采用埋弧自动焊焊接碳钢与合金结构钢时焊丝和焊剂的选用

钢材类别		钢号	焊丝	焊剂
普低钢		15，20	H08A，H08MnA	431，430
		15，20	H08MnA	431，430
低合金高强钢	300MPa	09MnZ，09Mn2Cu，09Mn2Si，09MnV，12Mn，18Nb	H08A，H08MnA	431
	345MPa	16Mn，16MnCu，16MnRe，14MnNb，10MnSiCu，12MnV	不开坡口：H08A。中厚板深坡口：H08MnA，H10Mn2	431
			厚板深坡口：H08MnZ	350
	400MPa	15MnV，15MnTi，15MnSiCu，15MnTiCu	不开坡口：H08MnA。中厚板深坡口：H08MnSi，H10Mn2	431
			厚板深坡口：H08MnMoA	350
	440MPa	15MnVN，15MnVTiRe	H08MnMoA，H10Mn2	431
	500MPa	18MnMoNb，14MnMoV	H08Mn2MoVA H08Mn2MoA	350
	540MPa	14MnMoVB	H08MnMoVA	350
	590MPa	12Ni3CrNiMoV	H08MnSiMoTiA	350
		12MnCrNiMoVCu	H08MnNi2CrMo	350
	690MPa	14MnMoNbB	H08MnNiCrMo	350

4. 工艺参数及其选择

(1) 焊接电流。焊接电流决定着焊缝的熔深。当其他条件不变时，若焊接电流增加，则焊缝的熔深和余高都增加，而熔宽几乎保持不变(或略有增加)。但电流过大，会造成焊件烧穿。

(2) 电弧电压。电弧电压决定着焊缝的熔宽。当其他条件不变时，若电弧电压增大，则焊缝的熔宽增加，而熔深和余高变化不大。

为了保持良好的焊缝成形，埋弧自动焊时，电弧电压与焊接电流应有一个匹配关系，通常电弧电压应该根据焊接电流来进行选择，见表 6-3。

表 6-3　焊接电流与焊接电压的对应关系

焊接电流/A	600~850	850~1200
焊接电压/V	34~38	38~42

(3) 焊接速度。一般来说，当其他条件不变时，若焊接速度增加，则熔深和熔宽降低。

(4) 焊丝直径。不同直径的焊丝适用的焊接电流见表 6-4。

表 6-4　不同直径的焊丝适用的焊接电流

焊丝直径/ mm	2	3	4	5	6
焊接电流/A	200～400	350～600	500～800	700～1000	800～1200

(5) 焊丝倾角。大多数情况下，埋弧自动焊的焊丝与焊件相垂直，但有时也会用前倾或后倾的方式施焊。

(6) 焊件倾斜。有上坡焊和下坡焊之分，一般倾角不宜大于 6°～8°。大多数情况下采取水平施焊。

(7) 焊丝伸出长度。用细焊丝时，其伸出长度一般为直径的 6～10 倍。

(8) 焊剂粒度。不同焊接条件对焊剂粒度的要求见表 6-5。

表 6-5　不同焊接条件对焊剂粒度的要求

焊接条件		焊剂粒度/ mm
埋弧自动焊	电流小于 600A	0.25～1.6
	电流在 600～1200A	0.4～2.5
	电流大于 1200A	1.6～3.0
焊丝直径不超过 2 mm 的埋弧自动焊		0.25～1.6

选择工艺参数的步骤是：先将根据生产经验或查表得出的焊接工艺参数作为参考，然后进行试焊，根据试焊结果进行调整，最后确定出合适的工艺参数。

5. 坡口形式与坡口加工

(1) 坡口形式。一般焊件厚度在 14 mm 内时，可采用不开坡口双面焊。当焊件厚度达 14～20 mm 时，多开 V 形坡口。当焊件厚度在 38 mm 以上时，常开 X 形或 U 形坡口。

(2) 坡口加工。一般采用半自动、自动气割机或刨边机加工坡口，也可使用手工或自动碳弧气刨等设备。

要求：坡口角度公差为 ±5°，钝边尺寸公差为 ±1 mm，装配间隙不大于 0.8 mm。

6. 装配定位

(1) 装配定位焊。定位焊缝的有效长度按表 6-6 选择。

表 6-6　定位焊缝的有效长度与焊件厚度的关系　　　　单位：mm

焊件厚度	定位焊缝的有效长度	备注
≤3.0	40～50	300 mm 内一处
3.0～25	50～70	300～350 mm 内一处
≥25	70～90	250～300 mm 内一处

定位焊后，应及时将焊道上的渣壳清除干净，同时还必须检查有无裂纹等缺陷产生。如果发现缺陷，则应彻底铲除该段，重新施焊。

(2) 焊引弧板、引出板和过渡板，如图 6-9 所示。

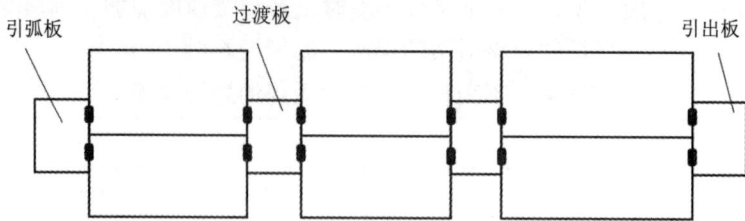

图 6-9　焊引弧板、引出板和过渡板的定位焊示意图

引弧板、引出板和过渡板应采用与焊件相同的材料，其厚度亦与焊件相等，以便两面同时使用，其长度为 100～150 mm，宽度为 75～100 mm。

焊接环缝时，无须另加引弧板和引出板。

7. 常见焊接缺陷的种类、产生原因和防止措施

常见焊接缺陷的种类、产生原因和防止措施见表 6-7。

表 6-7　常见焊接缺陷的种类、产生原因和防止措施

缺陷种类	产生原因	防止措施
气孔	① 坡口及其附近表面或焊丝表面有油、锈等脏物存在； ② 焊剂潮； ③ 回收的零散的焊剂中夹有刷子毛； ④ 焊剂覆盖量不够，空气侵入熔池； ⑤ 焊剂覆盖太厚，使熔池中的气体逸出后排不出来； ⑥ 焊接电流大； ⑦ 有磁偏吹存在； ⑧ 极性接反	① 仔细清理焊丝表面，对坡口可预先用钢丝刷刷，并用砂轮清理坡口附近表面，然后可用火焰烘烤除油； ② 250～300℃下烘干 1～1.5 h，去除焊剂中的水分； ③ 用钢丝刷回收焊剂； ④ 扩大或缩小软管直径，使焊剂输送量适当； ⑤ 扩大或缩小软管直径，使焊剂输送量适当； ⑥ 适当减小电流； ⑦ 调换极性； ⑧ 采用交流电源
夹渣	① 熔渣超前； ② 多层焊时焊丝偏向一侧； ③ 电流过小，导致焊剂残留在两层焊道之间； ④ 前一层焊缝清渣不彻底； ⑤ 对接时，接口间隙大于 0.8 mm，使焊剂流入电弧前的间隙； ⑥ 盖面焊时，电压太高，使游离的焊剂卷入焊道	① 放平焊件或加快焊速； ② 焊丝始终对准坡口中心线； ③ 加大电流，使焊剂熔化干净； ④ 每道焊缝彻底清渣； ⑤ 严格装配，保证接口间隙均匀并小于 0.8 mm； ⑥ 盖面焊时，控制电压不要过高
咬边	① 焊接速度过快； ② 焊接电流与电压匹配不当(如焊接电流过大)； ③ 衬垫与焊件之间间隙过大，没有贴紧； ④ 平角焊时焊丝偏于底板，而船形焊时焊丝偏离焊缝中心； ⑤ 极性不对	① 放慢焊接速度； ② 选择合适的焊接电流和电压； ③ 使衬垫与焊件表面紧贴，消除间隙； ④ 平角焊时焊丝偏于立板，船形焊时对准中心线； ⑤ 改变极性

续表

缺陷性质	产生原因	防止措施
满溢	① 电流过大; ② 焊速过慢; ③ 电压过低	相应地调整工艺参数
烧穿	① 电流过大; ② 焊速过慢且电压过低; ③ 局部间隙过大	① 减小电流; ② 控制电压和焊速适当; ③ 保证接口间隙不要过大
裂纹	① 焊件与焊丝、焊剂等材料的配合不当; ② 焊丝中含碳量、含硫量较高; ③ 焊接区冷却快,引起热影响区硬化; ④ 焊缝成形系数太小; ⑤ 多层焊第一道焊缝截面过小; ⑥ 焊接顺序不合理; ⑦ 焊件刚度大	① 合理选配焊丝和焊剂; ② 选用合格的焊丝; ③ 焊前预热焊后缓冷,降低焊速; ④ 调整焊接参数,改进坡口; ⑤ 调整焊接参数; ⑥ 合理安排焊接顺序; ⑦ 焊前预热及焊后缓冷
未焊透	① 焊接参数不当(电流过小,电压过高); ② 坡口不合理; ③ 焊丝偏离接口中心线	① 调整焊接参数; ② 修整坡口并使其符合要求; ③ 使焊丝对准接口中心线
余高过大	① 电流过大或电压过低; ② 上坡焊时倾角过大; ③ 焊丝位置不当(相对于焊件的直径和焊接速度); ④ 使用衬垫进行焊接时,焊件坡口间隙不够大	① 调整焊接参数; ② 调整上坡焊倾角; ③ 确定正确的焊丝位置; ④ 加大坡口间隙
宽度不均匀	① 焊接速度不均匀; ② 送丝速度不均匀; ③ 焊丝导电不良	① 注意焊速均匀; ② 找出送丝速度不均匀的原因,消除故障; ③ 更换导电嘴衬套

6.2　埋弧自动焊操作指导

6.2.1　埋弧自动焊焊前准备

1. 焊前准备

(1) 焊接设备: MZ-1000 型埋弧自动焊机。

(2) 焊丝: H08A,直径选用 4 mm 和 6 mm 这两种。

(3) 焊剂: HJ431。

(4) 焊件：低碳钢板，尺寸选用长 500 mm、宽 125 mm、厚度 10 mm 及长 800 mm、宽 125 mm、厚度 40 mm 这两种。

(5) 引弧板和引出板：低碳钢板，长 100～125 mm、宽 75 mm、厚度 10 mm。

(6) 碳弧气刨准备：

① 采用侧面送风式刨枪。

② 采用硅整流电源。

③ 采用镀铜实心碳棒，直径为 6 mm。

(7) 紫铜垫槽：如图 6-10 所示，$a = 40～50$ mm，$b = 14$ mm，$r = 9.5$ mm，$h = 3.5～4$ mm，$c = 20$ mm。

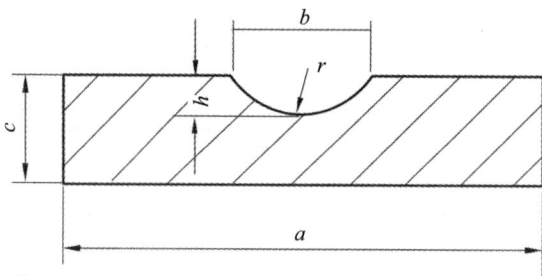

图 6-10　紫铜垫槽

2. 操作要领

1) 焊前检查

检查焊机控制电缆线接头有无松动，焊接电缆是否连接妥当。检查导电嘴的磨损情况和导电情况及是否可靠夹持。焊机做空车调试，检查各个按钮、旋钮开关、电流表和电压表等是否正常工作。实测焊接速度，检查离合器能否可靠接合和脱开。

2) 清理焊丝、焊件并烘干焊剂

(1) 清除焊丝表面的油和锈。

(2) 清除焊件表面的水分、油污、铁锈，以及定位焊道的熔渣等污染物。

(3) 烘干焊剂，烘干温度为 (300 ± 10)℃，保温 1.5 h，然后随用随取。

3) 基本操作训练

(1) 空车练习。接通控制箱电源，使控制箱工作。将焊接小车上的按钮扳到"空载"位置。

① 电流调节。分别按下"增大"或"减少"按钮，弧焊变压器中的电流调节器即可动作，通过电流指示器(在变压器外壳上)可以预知电流的大致数值(真正的电流数值，要在焊接时通过电流表读出)。也可通过变压器外壳侧面的一对按钮，以同样的方法进行电流调节。

② 送丝速度调节。调节旋钮可改变送丝速度。分别按下焊丝"向上"或"向下"按钮，焊丝即可向上或向下运动。

③ 焊接小车行走速度调节。按下离合器，将开关转到向左或向右位置，焊接小车即可前进或后退，调节旋钮可改变行走速度。

(2) 引弧和收弧练习。

① 准备。取厚度为 10 mm 的钢板，沿长度方向划一条粉线，此线可作为焊道的准线。接通控制电源和焊接电源。按 BX2-1000 型焊接变压器上的焊接电流控制按钮，使顶部的电流指示针移到预定刻度位置。将控制盘上的"电弧电压"和"焊接速度"旋钮调到预定位置。将焊接小车推到焊件的待焊部位，用焊丝"向上"或"向下"按钮调节焊丝，使焊丝末端与焊件轻微接触。闭合离合器，将"空载-焊接"开关拨到"焊接"位置，行车方向开关拨到需要的焊接方向。将焊接方向指示针按焊丝所处的位置对准需焊部位，指示针端部与焊件表面要留出 2～3 mm 的间隙，以免焊接过程中与焊件碰擦。指示针应比焊丝超前一定的距离，以避免受到焊剂的阻挡而影响观察。指示针调准以后，不能再触碰，否则会造成错误指示而使焊缝焊偏。最后打开焊剂漏斗阀门，使焊剂堆满预焊部位，即可开始焊接。

② 引弧。按"启动"按钮，焊接电弧引燃，并迅速进入正常焊接过程。如果按"启动"按钮后，电弧不能引燃，焊丝将机头顶起，则表明焊丝与焊件接触不良，需重新调整焊丝。

③ 收弧。按下"停止"按钮应分两步：先轻按使焊丝停送，然后按到底，切断电源。如果焊丝送进与焊接电源同时切断，就会由于送丝电动机的惯性继续下送一段焊丝，而焊丝插入金属熔池之后，会发生焊丝与焊件粘连的现象。当导电嘴较低或焊接电压过高时，若采用上述方法停止焊接，则电弧可能返烧到导电嘴，甚至将焊丝与导电嘴熔化在一起。因此建议练习时采用另外一种停止焊接的方法来避免此问题，即焊接结束之前，一只手放在"停止"按钮上，另一只手放在焊丝"向上"按钮上，先将"停止"按钮按到底，随即按焊丝"向上"按钮，将焊丝立即抽上来，避免焊丝与熔池粘连。

通过练习，要求引弧成功率高且引弧点位置准确，要求收弧时不粘焊丝、不烧坏导电嘴。

(3) 焊件架空平敷焊练习。取厚度为 10 mm 的焊件，沿 500 mm 长度方向，每隔 50 mm 划一道粉线，此线作为平敷焊焊道的准线。将此焊件置于夹具上，垫空，使焊件处于架空状态。

焊接工艺参数如下：焊丝选用 H08A，焊丝直径为 4 mm，焊剂选用 HJ431，焊接电流为 640～680A，焊接电压为 34～36 V，焊接速度为 36～40 m/h。

焊接过程中，应随时观察控制盘上的电流表和电压表的指针、导电嘴的高低、焊接方向指示针的位置和焊道成形情况。一般电压表的指针是很稳定的，即容易从表盘上读出电压值，但电流表的指针往往在一个小范围内摆动，指针摆动范围的中心位置是实际的焊接电流的指示值。

焊接时，如果发现工艺参数有偏差和焊缝成形不良时，可根据需要作出如下调节：

用控制盘上的"焊接速度"旋钮调节焊接速度，用控制盘上的"电弧电压"旋钮调节电弧电压，用控制盘上的"焊接电流"旋钮调节焊接电流，用机头上的手轮调节导电嘴的高低。此外，还需用小车前侧的手轮调节焊丝相对于准线的位置，但必须注意，进行这项调节时，操作者所站位置要与准线对正，以防偏斜。

观察焊缝成形时，应注意要等焊缝凝固并冷却后再除去渣壳，否则焊缝表面会强烈氧化和冷却过快，对焊缝性能带来不利影响。焊件熔透程度可通过焊件背面的红热程度来体现。对于 8～14 mm 厚的焊件，若背面出现红亮颜色，则表明焊透良好。若红热情况没有达到上述现象，则可适当增加焊接电流或适当调节其他参数。如果发现焊件有烧穿现象，应立即停弧，或适当加快焊接速度，也可调小焊接电流。焊接结束后，要及时回收未熔化的焊剂，清除焊道表面渣壳，检查焊道成形和表面质量。

通过平敷焊练习，要进一步掌握引弧或收弧的操作要领及焊接过程中调整焊接工艺参数的技巧。

6.2.2 平对接焊操作

1. 不开坡口的平对接直缝焊接

1) 不开坡口不留间隙的平对接直缝焊

(1) 悬空焊接法。

首先，取 10 mm 厚的碳钢板并按照图 6-11 进行装配定位焊。定位焊采用 E4303(J422) 焊条，焊条直径为 4 mm，焊接电流为 180~210 A，以焊条电弧焊方式进行。装配定位焊后，装配间隙应小于 0.8 mm。

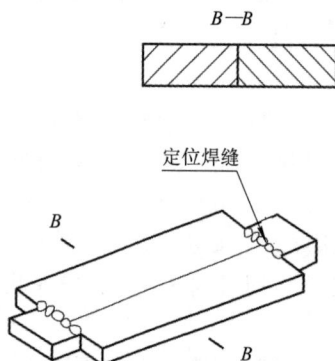

图 6-11 悬空焊接法装配示意图

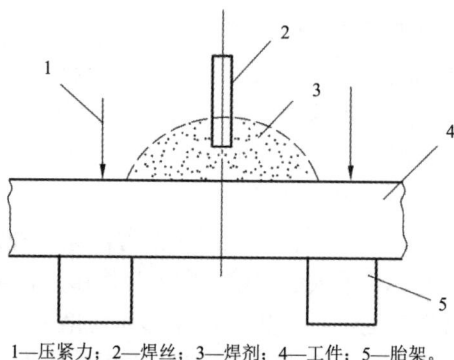

1—压紧力；2—焊丝；3—焊剂；4—工件；5—胎架。

图 6-12 悬空焊接示意图

然后，按照图 6-12 进行悬空焊接。悬空焊采用双面焊，正面的第一道焊缝较为关键。为保证不烧穿，工艺参数应适当小些。要求正面熔透深度达到焊件厚度的 40%~50% 即可，而背面熔透深度为焊件厚度的 60%~70%，故背面焊接的焊接电流可适当加大些。

正面焊接的工艺参数如下：焊丝选用 H08A，焊丝直径为 4 mm，焊剂选用 HJ431，焊接电流为 440~480 A；焊接速度为 35~42 m/h。

背面焊接的工艺参数如下：焊接电流为 530~560 A，其余参数参照正面焊接。

正面焊缝焊完后，利用碳弧气刨清除焊根，并刨出具有一定深度与宽度的坡口，如图 6-13 所示。

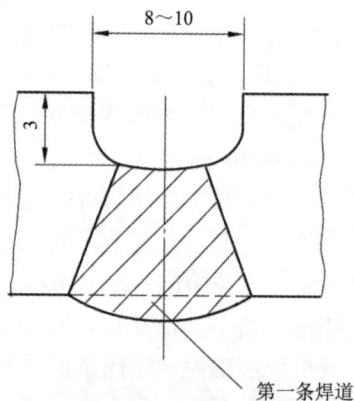

图 6-13 碳弧气刨坡口尺寸

碳弧气刨的主要工艺参数为：碳棒直径为 6 mm，使用的刨削电流为 280～300A。刨削时，要从引弧板的一端沿对接缝的中心线刨至引出板的一端。碳弧气刨后，要彻底清除槽内和槽口表面两侧的熔渣，并用手动砂轮打光表面后，方可进行背面焊接。

进行悬空焊时，要注意观察，严格控制，不能焊漏。对背面焊缝的坡口要求充分焊满。焊接过程中，焊丝要严格控制在准线或坡口的中心线上，不要焊偏，若出现偏差时，要及时调整。

(2) 保留垫板焊接法。

在焊接时将垫板放置在对接坡口的背面，通过正面第一道焊缝将衬垫一起熔化并与焊件永久连接在一起，该垫板称为保留垫板，此焊接方法称作保留垫板焊接法。保留垫板焊接法适用于受焊件结构形式或工艺装备等条件限制，而无法实现双面焊双面成形的场合。保留垫板对接和锁底对接的接头形式如图 6-14 所示。保留垫板的材料应与焊件一致。

制作带保留垫板的焊件的要求如下：

取低碳钢垫板(长 650 mm，宽 45 mm，厚 3 mm)，并清理与焊件贴合的表面，然后采用焊条电弧焊方法，用 E4303(J422)焊条(直径为 4.0 mm)把垫板定位焊到焊件上，如图 6-15 所示。定位焊后，其贴合面的间隙不要大于 1 mm，否则焊缝容易产生焊瘤和凹陷。

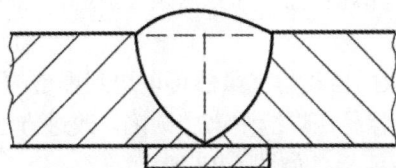

(a) 保留垫板对接

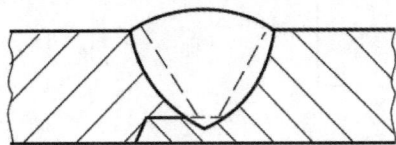

(b) 锁底对接

图 6-14 保留垫板对接和锁底对接的接头形式

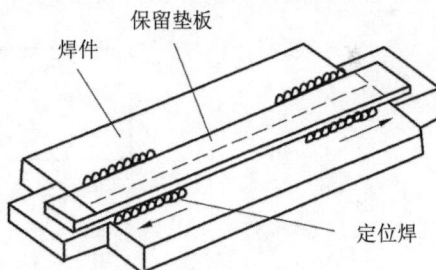

图 6-15 带保留垫板的焊件

焊接工艺参数如下：焊丝选用 H08A，焊丝直径为 6.0 mm，焊剂选用 HJ431，焊接电流为 1000A 左右，电弧电压为 34～36 V，焊接速度为 36～38 m/h。

2) 不开坡口预留间隙的对接直缝焊

取 10 mm 厚的低碳钢板，并准备引弧板和引出板，如图 6-16 所示，用焊条电弧焊方法进行定位焊，这个过程采用直径为 4mm 的 E4303(EJ422)焊条。定位焊前，预留间隙，间隙值可取 2～3 mm。定位焊的焊接电流为 180～210A。

将装配好的试板(平板)起吊置于焊剂垫上，如图 6-17 所示。焊剂垫的作用是防止焊接时液态熔渣和铁水从间隙中流失。简易的焊剂垫就是在槽钢上撒满焊剂，并用刮板将焊剂堆成尖顶，纵向呈直线。试板安放时，应使接缝对准焊剂垫的尖顶线，轻轻放下，并用手锤轻击钢板，使焊剂垫压实。为避免焊接时发生倾斜，可在试板两侧垫上木楔。

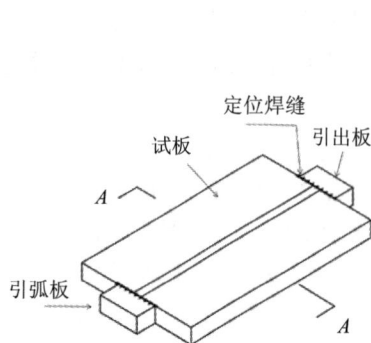

图 6-16   试板(平板)预留间隙双面自动焊

图 6-17   试板(平板)的起吊和就位

焊接工艺参数如下：焊丝选用 H08A，焊丝直径为 4 mm，焊剂选用 J431，焊接电流为 500～550A，电弧电压为 36～38 V，焊接速度为 30～32 m/h。

焊接操作方法与不留间隙的对接直缝焊接相同。先焊正面，焊完后敲去渣壳，翻转试板后焊接背面，焊后检查焊缝外表质量。

对于厚度为 16 mm 以上的钢板，采用预留间隙双面自动焊，虽然可以达到焊透的目的，但需要采用较大的焊接电流，使焊缝厚度大大增加，容易在焊缝中产生缺陷。改进方法是在焊完正面之后，翻转试板，在背面用碳弧气刨刨槽或清根，如图 6-18 所示。

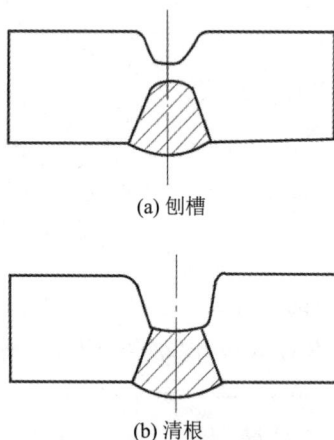

(a) 刨槽

(b) 清根

图 6-18   碳弧气刨刨槽和清根图

碳弧气刨的主要工艺参数是：碳棒直径为 6 mm，刨削电流为 280～300A，压缩空气压力为 0.4～0.6 MPa。刨削时，要从引弧板的一端沿对接缝的中心线刨至引出板的另一端。碳弧气刨后要彻底清除槽内和槽口表面两侧的熔渣，并用磨光机轻轻打光表面后，方能进行背面焊接。

刨槽和清根的不同点在于刨槽的槽口深度较浅，一般仅为 3～4 mm，不起清根作用，但可以减小焊件厚度，从而达到采用较小的焊接电流也能焊透的目的。清根要达到正面焊缝的根部，以清除正面焊缝根部的缺陷。由于槽口较深，往往需要焊两层才能填满槽口。

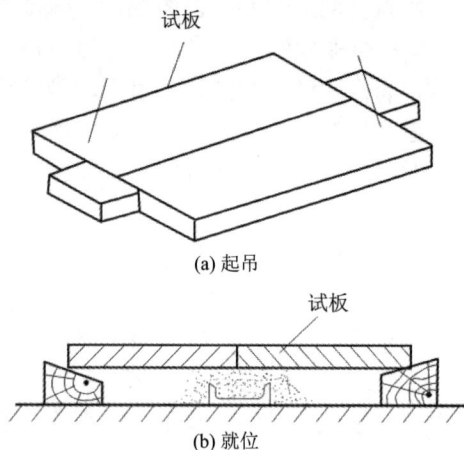

　　预留间隙试板(平板)对接直缝焊除了在焊剂垫上焊接,还可在试板背面装设临时垫。临时垫可用薄钢带、石棉绳或石棉板制作,如图 6-19 所示。

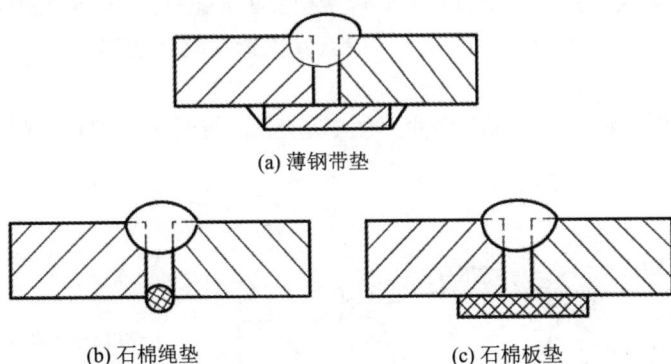

(a) 薄钢带垫

(b) 石棉绳垫　　　　　　　　　　(c) 石棉板垫

图 6-19　临时垫双面焊

2. 单面焊双面成形平板对接焊

　　单面焊双面成形,是指在各种不同的衬垫下进行一次正面埋弧自动焊焊接而达到背面同时焊透成形的一种自动焊接方法。根据背面衬垫的不同,有铜垫法、焊剂垫法、焊剂-铜垫法、热固化焊剂垫法等。这种方法可以提高生产率,减轻劳动强度和改善劳动条件。

　　取 10 mm 厚低碳钢板作为焊件,并准备引弧板和引出板,如图 6-20 所示,采用焊条电弧焊方法进行定位焊,这个过程采用直径为 4mm 的 E4303(J422)焊条。

　　焊接前,将带槽铜垫和焊件按图 6-21 进行装配。装配时一般采用电磁平台,使铜垫紧贴于焊件的下方。

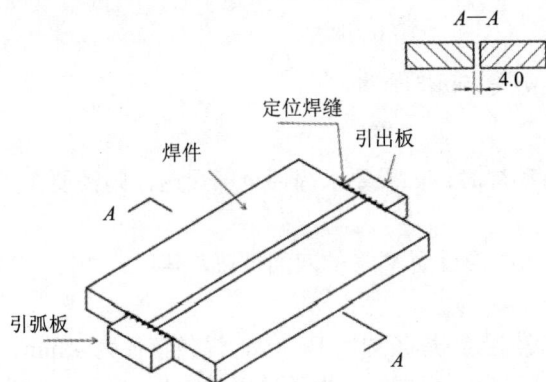

图 6-20　单面焊双面成形平板对接焊

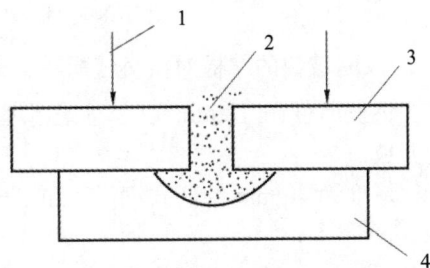

1—压紧力;2—预放的焊剂;3—焊件;4—铜垫。

图 6-21　焊剂-铜垫法焊接装配示意图

　　铜垫由通气管承托,通气管内通 0.4～0.5 MPa 的压缩空气,使得铜垫紧贴在焊件背面。电磁平台由六块电磁铁组成,紧紧吸住焊件。焊缝的背面成形由铜垫来控制。焊接时,铜垫内通冷却水,使得铜垫在焊接过程中不致被熔化的铁水粘牢或烧坏。

　　焊接工艺参数如下:焊丝选用 H08A,焊丝直径为 4 mm,焊剂选用 HJ431,焊接电流为 680～700A,电弧电压为 35～37 V,焊接速度为 28～32 m/h。

　　待焊件在电磁平台上放好后按下按钮,使电磁铁通电并吸住焊件,这时方可正式启动焊机，进行焊接。

在焊接过程中，焊接电弧在较大的间隙中燃烧，使预埋在缝隙间和铜垫槽内的焊剂与焊件一起熔化。随着焊接电弧向前推进，离开焊接电弧的液态金属和熔渣逐渐凝固，在焊缝下方的金属表面与铜垫之间形成一层渣壳。这层渣壳保护焊缝金属的背面不受空气的影响，使焊缝表面保持应有的光泽。

冷却后，关闭电磁铁电源，取出焊件，除去渣壳，便得到正面和背面都成形良好的焊缝，如图 6-22 所示。

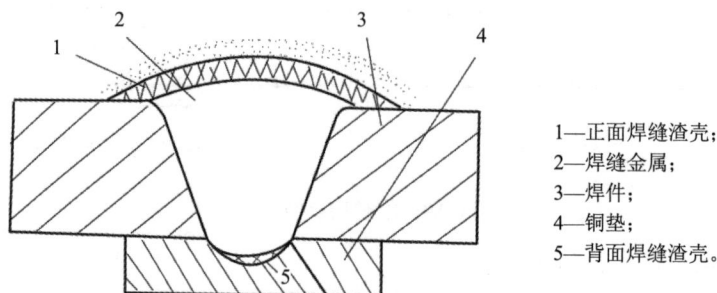

1—正面焊缝渣壳；
2—焊缝金属；
3—焊件；
4—铜垫；
5—背面焊缝渣壳。

图 6-22　铜垫-电磁平台法的焊缝成形

获得良好焊缝成形的关键是在整个焊件的全长上对背面焊缝应有均匀的承托力，因此焊剂的敷设至关重要。若焊剂敷设得太疏松，则会出现背面凸出现象，如图 6-23(a)所示；若焊剂敷设得太紧密，则会出现背面凹陷现象，如图 6-23(b)所示。

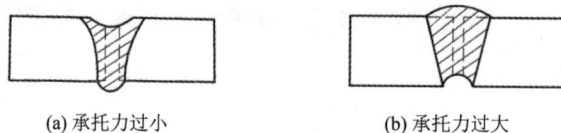

(a) 承托力过小　　　　　　　　(b) 承托力过大

图 6-23　承托力对焊缝成形的影响

3. 双面坡口的厚板对接直缝焊

当钢板厚度在 18 mm 以上且采用埋弧自动焊时，如果要求焊件全部焊透，则需要在焊接处开坡口。

取厚度为 40 mm 的低碳钢板，加工出正面 U 形反面 V 形的双面坡口，其形状如图 6-24 所示。

首先对 V 形坡口采用焊条电弧焊进行封底焊接，焊条选用 E4303，焊条直径为 4 mm，焊接电流 180～210A。然后对 U 形坡口采用埋弧自动焊焊接，焊丝选用 H08A，焊丝直径为 4 mm，焊剂选用 HJ431，焊接电流为 600～700A，焊接电压为 36～38 V，焊接速度为 25～29 m/h。

在进行手工封底焊时，每焊一条焊道，应将焊渣彻底清理干净，然后才能进行下条焊道的焊接。在进行焊条电弧焊之前，应烘干焊条，以减少或消除焊缝中的气孔。

在进行多层埋弧自动焊时，层间清渣特别重要。如果前道焊缝的熔渣不清除干净，后道焊缝焊上去后，焊缝间往往会产生夹渣缺陷。为了改善焊缝的脱渣性，在焊接每条焊道时，要严格控制焊道形状(见图 6-25)。焊缝表面力求平滑，两侧不发生咬边。常用的清渣工具有风动扁铲和角向磨光机。

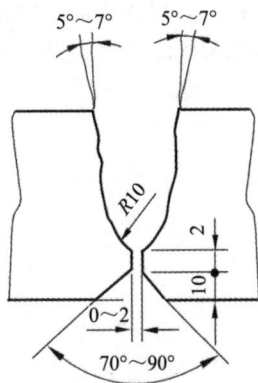

图 6-24 40 mm 厚钢板的坡口形状

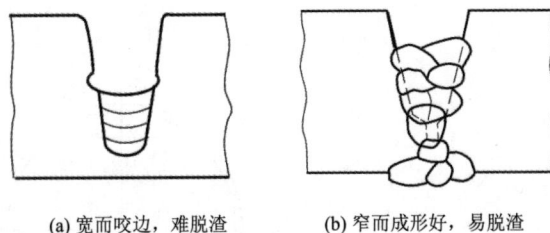

图 6-25 焊道的形状

(a) 宽而咬边,难脱渣　　(b) 窄而成形好,易脱渣

最后进行 V 形坡口的多层埋弧自动焊,对于头两层或头三层焊缝,每层可焊一条焊道,焊丝应对准坡口中心线。然后由于坡口的宽度增加,每层需要分两条焊道进行焊接,焊丝可偏离坡口中心线,焊丝边缘与较近一侧坡口边缘的距离约等于焊丝直径,以控制焊缝成形,不产生咬边为准。当焊到一定高度时,坡口宽度又增加,这可增加每层的焊道数,直至焊满。

对于盖面层焊道的焊接,先焊坡口边缘的焊道,后焊中间的焊道。这样既可以利用焊接加热的回火作用,改善焊缝接头热影响区的性能,同时也使焊缝表面饱满而圆滑。

4. 操作要领

(1) 掌握埋弧自动焊机的外部结构以及各个旋钮、开关的使用方法。掌握埋弧自动焊机的操作程序以及操作过程中保持工艺参数稳定的技术。掌握通过工艺参数的调整来控制焊缝形状的技术。

(2) 掌握埋弧自动焊机的维护和保养方法,以及常见故障的排除方法。

(3) 掌握对焊丝、焊剂、焊件的焊前准备技术。

(4) 根据不同的焊件材质、厚度能正确地选择和调整工艺参数。

(5) 基本掌握常见缺陷的产生原因与排除方法。

5. 注意事项

(1) 注意防火。埋弧自动焊时,由于采用的电流大,一旦短路极易造成火灾,因此要特别注意电缆的绝缘橡皮不要破损,电缆插头部分的连接要牢固。

(2) 注意防毒。埋弧自动焊时,有些牌号的焊剂在熔化时会产生有害气体,会使人产生头痛等反应,尤其在容器内部进行埋弧自动焊时,要特别注意,通风要好。

6.2.3 对接环缝焊操作

1. 对接环缝焊的特点

圆柱形筒体筒节的对接焊缝,称为环缝。环缝焊接与直缝焊接最大的不同点是,环缝焊接时必须将焊件置于滚轮架上,由滚轮架带动焊件旋转,焊机则固定在操作机上不动,仅有焊丝向下输送的动作。因此焊件旋转的线速度就是焊接速度。如果是焊接筒体的环缝,则需将焊机置于操作机上，操作机伸入筒体内部进行焊接。

对接环缝焊的焊接位置属于平焊位置。为了得到成形良好的焊缝，焊丝相对于筒体的位置应该逆筒体旋转方向相对于筒体中心有一个偏移量 a，如图 6-26 所示，使得在进行内、外环缝焊接时，焊接熔池基本上能保持在水平位置凝固。

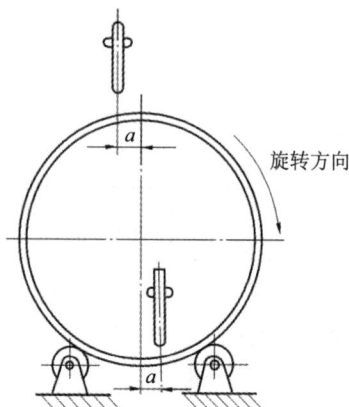

图 6-26　环缝焊接示意图

2. 焊前准备

(1) 焊机。选用 MZ-1000 型埋弧自动焊机一台，BX-330 型弧焊变压器一台。

(2) 伸缩臂式焊接操作机。

(3) 焊接滚轮架，内环缝焊接还需用焊剂垫。

(4) 焊件。准备直径为 2000 mm 的筒体两节，其壁厚为 16 mm，材质为低碳钢板。

(5) 焊丝选用 H08A，焊丝直径为 5 mm。

(6) 焊剂选用 HJ431。

(7) 准备碳弧气刨设备和直径为 8 mm 的实心碳棒，以及角向磨光机、风动扁铲、钢丝钳、扳手、钢丝刷、焊缝万能量规等。

(8) 装配定位。首先将焊口及边缘两侧的铁锈、油污等用角向磨光机打磨干净至露出金属光泽，再进行装配定位。装配时要保证对接处的错边量在 2 mm 以内，对接处不留间隙，局部间隙应小于 1 mm。定位焊采用直径为 4 mm 的 E4303 焊条，定位焊缝长 20～30 mm，间隔 300～400 mm，直接焊在筒体外表。定位焊结束后，清除定位焊缝表面渣壳，用钢丝刷清除定位焊缝两侧大的飞溅物。

3. 筒体环缝的焊接

1) 装设焊剂垫和保留盒

(1)装设焊剂垫。

对于筒体环缝，应先焊内环缝，后焊外环缝。焊接内环缝时，为防止熔化金属和熔渣从间隙中流失，应在筒体外侧下部装设焊剂垫。

常用的焊剂垫有连续带式和圆盘式两种。

① 连续带式焊剂垫，其构造见图 6-27。带宽 200 mm，绕在两只带轮上，一只带轮固定，另一只带轮通过丝杠调节机构做横向移动，以放松或拉紧带。使用前，在带的表面撒上焊剂，

将筒体压在带上，拉紧可移带轮，使焊剂垫对筒体产生承托力。焊接时，由于筒体的转动带动带旋转，使熔池外侧始终有焊剂承托。焊剂垫上的焊剂在焊接过程中会部分撒落，这时应添加一些焊剂，以保证焊剂垫上始终有一层焊剂存在。

连续带式焊剂垫结构简单，使用方便，已得到大量推广应用。

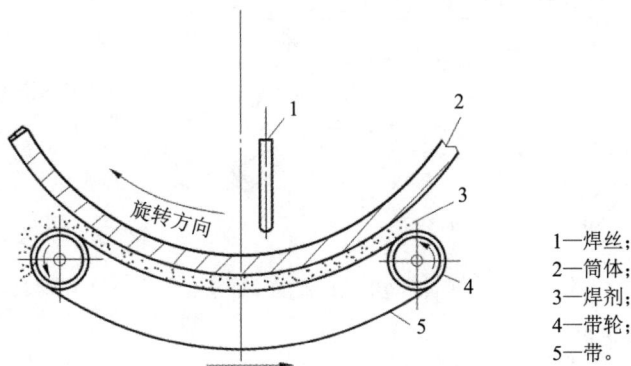

1—焊丝；
2—筒体；
3—焊剂；
4—带轮；
5—带。

图 6-27 连续带式焊剂垫

② 圆盘式焊剂垫，其构造见图 6-28。工作时，将焊剂装在圆盘内，圆盘与水平面的夹角为 45°。摇动手柄即可转动丝杠，使圆盘上、下升降。焊剂垫应压在待焊筒体环缝的下面，焊接时，由于筒体的旋转带动圆盘随之转动，焊剂便不断进入焊接部位。

由于圆盘倾角较小，焊剂一般不会流失，但焊接时仍应注意圆盘上要保持足够的焊剂，升降丝杠必须有足够的行程，以适应不同直径筒体的需要。

圆盘式焊剂垫的主要优点是焊剂始终可靠地压向焊缝，这种焊剂垫本身体积较小，使用时比较方便灵活。

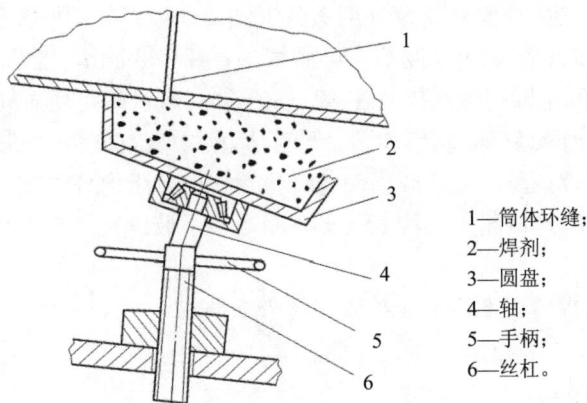

1—筒体环缝；
2—焊剂；
3—圆盘；
4—轴；
5—手柄；
6—丝杠。

图 6-28 圆盘式焊剂垫

(2) 装设保留盒。

对直径小于 500 mm 的筒体进行外环缝焊接时，由于筒体表面的曲率较大，焊剂往往不能停留在焊接区域周围，容易向两侧散失，使焊接过程无法进行。在生产中通常采用一种保留盒将焊接区域周围的焊剂保护起来，见图 6-29。焊接时，保留盒轻轻靠在筒体上，不随筒体转动，待焊接结束后，再将保留盒去掉。

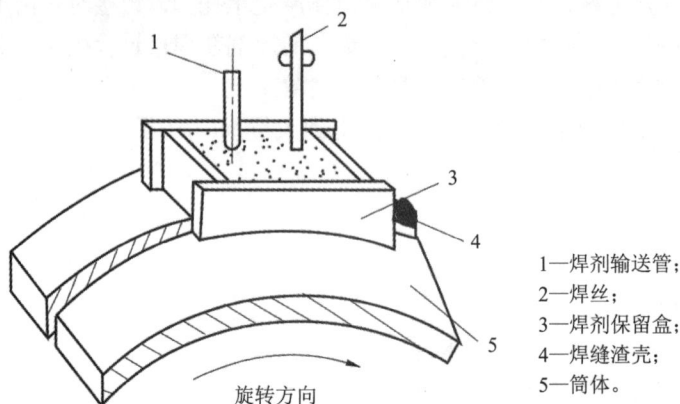

1—焊剂输送管;
2—焊丝;
3—焊剂保留盒;
4—焊缝渣壳;
5—筒体。

旋转方向

图 6-29　焊剂保留盒

2) 焊接工艺参数选择

焊丝选用 H08A, 焊丝直径为 5 mm, 焊剂选用 HJ431, 焊接电流为 700~720A, 焊接电压为 38~40 V, 焊接速度为 28~30 m/h, 焊丝偏移量为 35 mm。

3) 焊接操作

将焊剂垫安放在待焊部位, 检查操作机、滚轮架的运转情况, 待全部正常后, 将装配好的筒体吊运至滚轮架上, 使筒体环缝对准焊剂垫并压在上面。驱动内环缝操作机, 使悬臂伸入筒体内部, 调整焊机的送丝机构, 将焊丝调整到偏离筒体中心 35 mm 的地方, 处于上坡焊位置, 并使焊剂对准环缝的拼接处。为了使焊机启动和筒体旋转同步, 事先应将滚轮架驱动电动机的开关接在焊机的启动按钮上, 焊接收尾时, 焊缝必须与首层相接并重叠一定长度, 重叠长度至少要达到一个熔池的长度。

内环缝焊完后, 从筒体外面对拼接处用碳弧气刨清理焊根。刨槽深 6~7 mm, 宽 12~19 mm。碳弧气刨的工艺参数如下: 圆形实心碳棒的直径为 8 mm, 刨削电流为 300~350A, 压缩空气压力为 0.5 MPa, 刨削速度控制在 32~40 m/h。气刨时可随时转动滚轮架, 以达到气刨的合理位置。刨槽力求深浅、宽窄均匀。气刨结束后, 应彻底清除刨槽内及两侧的熔渣, 用钢丝刷刷干净。松开焊剂垫, 使其脱离筒体。将操作机置于筒体上方, 调节焊丝, 使其对准环缝的拼接处, 并且焊丝偏离中心约 35 mm, 相当于下坡位置焊接外环缝, 其他工艺参数不变。

焊接结束后, 清除焊缝表面渣壳, 检查焊缝外表质量。

4. 操作技能要求

(1) 掌握对接环缝焊的操作要领。

(2) 焊缝外观成形整齐美观, 无咬边、焊瘤及明显焊偏的现象。

5. 注意事项

(1) 在进行埋弧自动焊时, 要防摔伤和碰伤。在焊接筒体的外环缝或外纵缝时, 其操作位置都比较高, 要防止摔伤。焊接筒体或其他形式焊件时, 由于焊件尺寸大, 质量大, 在吊装过程中, 装夹要牢, 动作要稳。焊件放置在滚轮架上后, 应仔细调节, 将焊件的重心调到两个滚轮中心至焊件中心连线夹角允许的范围内。若焊件筒体由于制造误差带锥度时, 则应采用限位滚轮,防止筒体轴向窜动。

(2) 埋弧自动焊需多人联合操作,每次焊接时必须有 2～3 人同时进行,1 人操纵焊机,1 人添加焊剂,1 人负责清渣(或后两者由同 1 人负责)。所以操作时互相应密切配合,并服从操纵焊机的焊工指挥。

(3) 埋弧自动焊应尽量安排在室内进行。当由于焊件大、笨重、移动不便等,只能在室外进行焊接时,若出现下列情况之一,则建议停止焊接。

① 风速大于 1 m/s。

② 相对湿度大于 90%。

③ 下雨或下雪。

(4) 当焊件温度低于 0℃时,建议在起焊处的 10～30 cm 范围内先预热至 15～50℃,然后再开始焊接。

第7章 焊接机器人

对焊接机器人而言，操作者可以通过示教器来控制机器人各关节(轴)的动作，也可以通过运行已有示教程序来实现机器人的自动运转。目前机器人自动运行的程序多数是通过手动操纵机器人来创建和编辑的。因此，手动操纵机器人是工业机器人示教编程的基础，是完成机器人作业"示教再现"的前提。

本章首先从用户的角度出发，尽量以图代解、简明扼要地阐述焊接机器人的系统组成、运动控制等基础知识，为手动操纵焊接机器人做好技术准备；然后通过手动移动机器人的方式，实现焊接机器人的点位运动和连续路径运动；最后完成直线轨迹的示教再现并强调安全操作规程，帮助读者提升焊接机器人的操作技能。

7.1 焊接机器人基础知识

7.1.1 系统组成

焊接机器人由操作机、控制器和示教器组成，以下分别展开讨论。

1. 操作机

操作机(或称机器人本体)是机器人的机械主体，是用来完成各种作业的执行机构。它主要由机械臂、驱动装置、传动单元及内部传感器等部分组成。由于机器人需要实现快速而频繁的启停、精确的到位和运动，因此必须采用位置传感器、速度传感器等检测元件来实现手腕位置、速度和加速度的闭环控制。图7-1为6自由度关节型工业机器人操作机的基本构造。为适应不同的用途，机器人操作机最后一个轴的机械接口通常为连接法兰，可装设不同的机械操作装置(习惯上称末端执行器)，如夹紧爪、吸盘、焊枪等。

2. 控制器

如果说操作机是机器人的"肢体"，那么控制器则是机器人的"大脑"和"心脏"。机器人控制器是根据指令以及传感信息控制机器人完成一定动作或作业任务的装置，是决定机器人功能和性能的主要因素，也是机器人系统中更新和发展最快的部分。它通过各种控制电路中硬件和软件的结合来操纵机器人，并协调机器人与周边设备的关系。

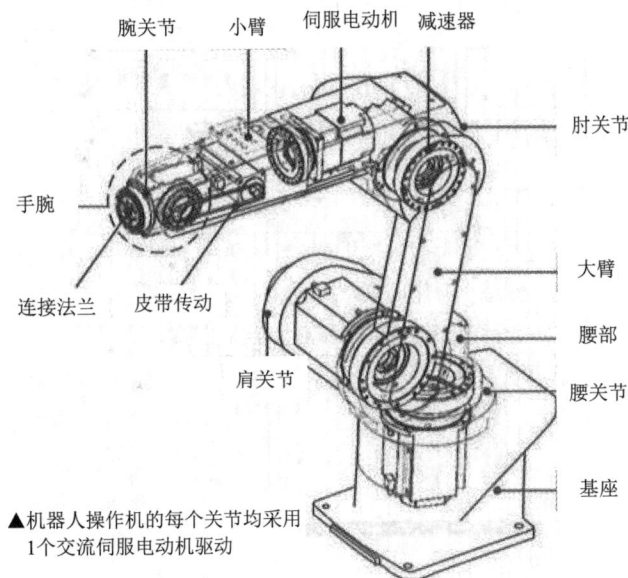

图 7-1　6 自由度关节型工业机器人操作机的基本构造

3. 示教器

示教器(Teach Pendant，TP)又称示教编程器或示教盒，主要由液晶屏幕和操作按键组成，可由操作者手持移动。它是机器人的人机交互接口，机器人的所有操作基本上都是通过示教器来完成的，如点动机器人，编写、测试和运行机器人程序，设定、查阅机器人状态设置和位置等。因此，掌握各个按键的功能和操作方法是使用示教器操纵机器人的首要前提。

1) 按键配置及功能

示教器上配有用于机器人示教编程所需的操作按键。Panasonic GIII示教器按键布局如图7-2 所示。各按键名称及功能说明见表 7-1。

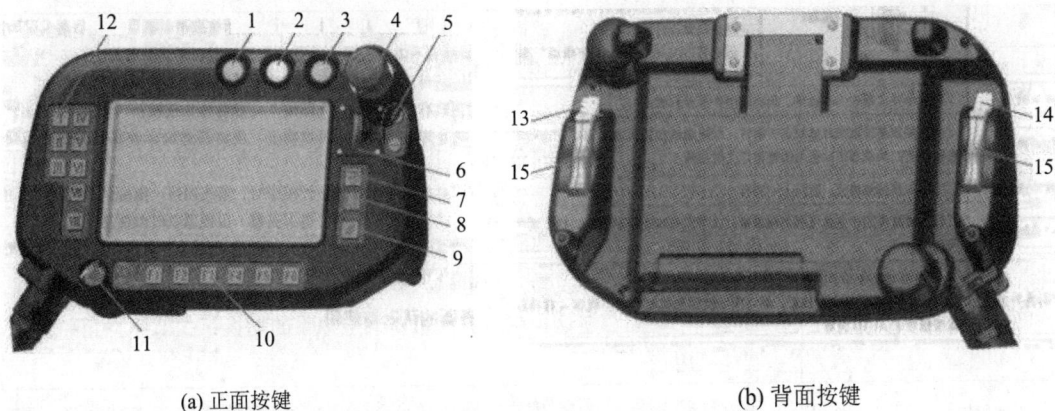

(a) 正面按键　　　　　　　　　　　　(b) 背面按键

1—启动按钮；2—暂停按钮；3—伺服ON按钮；4—紧急停止按钮；5—+/—键；6—拨动按钮；7—登录键；8—窗口切换键；9—取消键；10—用户功能键；11—模式切换键；12—动作功能键；13—右切换键；14—左切换键；15—安全开关（三段位）。

图 7-2　Panasonic GIII示教器按键布局

表 7-1　示教器按键名称及功能说明

序号	按键名称	按键功能
1	启动按钮	在 AUTO 模式下，用于启动或重启机器人操作
2	暂停按钮	在伺服闭合状态下暂停机器人操作
3	伺服 ON 按钮	接通伺服电源
4	紧急停止按钮	通过切断伺服电源立刻停止机器人和外部轴操作。一旦按下此按钮，就会立即保持紧急停止状态；顺时针方向旋转此按钮，可解除紧急停止状态
5	+/−键	可代替拨动按钮连续移动机器人手臂
6	拨动按钮	(上下微动) 移动机器人手臂或外部轴。向上微动：在(+)方向中。向下微动：在(−)方向中。移动荧屏上的光标可改变数据或选择一个选项
		(侧击) 指定选择的项目并保存
		(拖动) 保持机器人手臂的当前操作。按下后的拨动按钮旋转量决定变化量。停止轻微旋转，然后释放。运动的方向与上/下微动的相同
7	登录键	用于保存或指定一个选择，示教时用于保存示教点
8	窗口切换键	示教器液晶屏能同时显示多个窗口，可使用该按键在多个窗口间进行切换选择，并可在激活窗口的菜单图标条与编辑窗口之间切换
9	取消键	用于取消当前操作，返回上一界面
10	用户功能键	每个按键可用于完成用户功能键上方图标所指定的功能，操作者可定制每个按键的功能
11	模式切换键	在 TEACH 模式和 AUTO 模式间进行切换。将该键置于 TEACH 位置，即可用示教器操纵机器人；将该键置于 AUTO 位置，机器人自动运行操作
12	动作功能键	用以选择或执行动作功能键右侧图标所显示的动作、功能
13	右切换键	用以缩短功能选择及转换数值输入列。对移动量进行高、中、低切换。在示教过程中，配合左切换键可完成机器人坐标系的切换：关节→直角→工具→圆柱→用户
14	左切换键	用以切换坐标系的轴及转换数值输入列。轴的切换默认排序为基本轴→腕部轴→外部轴(选配)
15	安全开关(三段位)	用以确保操作者的安全，当两个开关同时被释放或同时被用力按下时，切断伺服电源；当轻按一个或两个开关时，打开伺服电源

2) 在屏幕上工作

(1) 画面显示。示教器提供了一系列图标来定义屏幕上的各种功能，这样可以使操作变得容易，如图 7-3 所示。Panasonic GIII示教器的整个显示屏可分为七个显示区：菜单图标栏、信息提示窗、程序编辑区、用户功能图标区、动作功能图标区、标题栏和状态栏。Panasonic GIII示教器菜单图标栏一级菜单常用图标定义及功能见表 7-2。

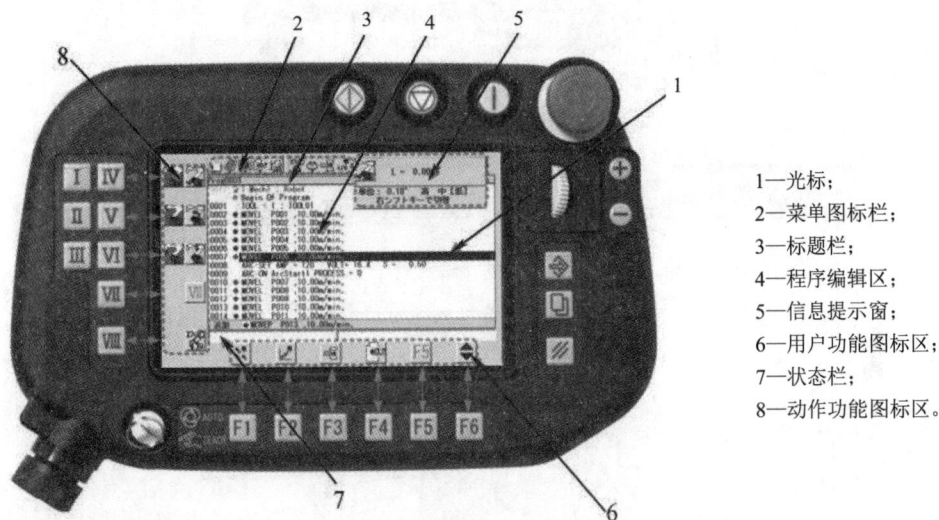

1—光标；
2—菜单图标栏；
3—标题栏；
4—程序编辑区；
5—信息提示窗；
6—用户功能图标区；
7—状态栏；
8—动作功能图标区。

图 7-3 Panasonic GIII示教器屏幕画面

表 7-2 Panasonic GIII示教器菜单图标栏一级菜单常用图标定义及功能

图标	定义	功　能
	文件	用于程序文件的新建、保存、发送、删除等操作
	编辑	用于对程序命令进行剪切、复制、粘贴、查找、替换等操作
	视图	用于显示各种状态信息，如位置坐标、状态输入/输出、焊接参数等
	命令追加	用于在程序中追加次序指令、焊接指令、运算指令等
	设定	用于设定机器人、控制柜、示教器、弧焊电源等设备的参数

(2) 移动光标。光标的位置由红色粗线轮廓或反白显示表示，可使用拨动按钮向上或向下轻微移动光标。

　　侧击拨动按钮可显示子菜单项目或下拉列表, 如图 7-4 所示。另外, 该操作还可切换到保存或更新数据窗口。在保存或更新数据窗口中, 上下微动拨动按钮移动光标, 然后侧击它来定义数据或移到下一个画面。

　　(3) 选择菜单。使用拨动按钮选择某一菜单或子菜单选项的具体过程如图 7-5 所示。

图 7-4　侧击拨动按钮显示下拉列表

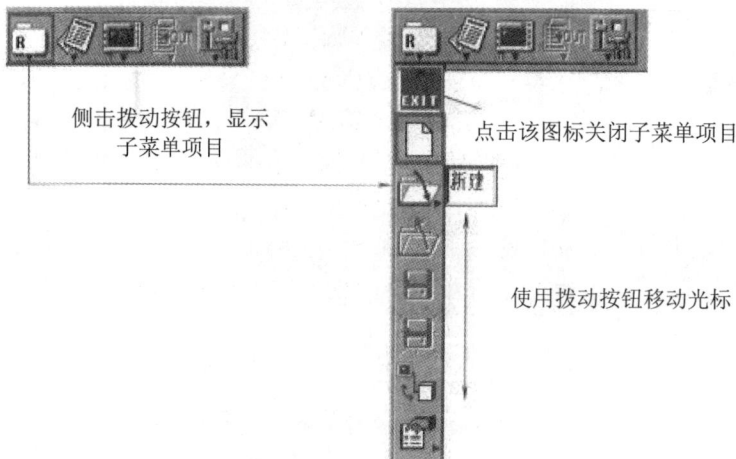

图 7-5　选择菜单

　　如果不清楚图标的功能, 则将光标停留在图标上, 即可显示图标名称。

　　(4) 输入数值。在数值输入画面中移动光标至准备输入数值的项目上, 侧击拨动按钮显示数值输入画面, 具体过程如图 7- 6 所示。

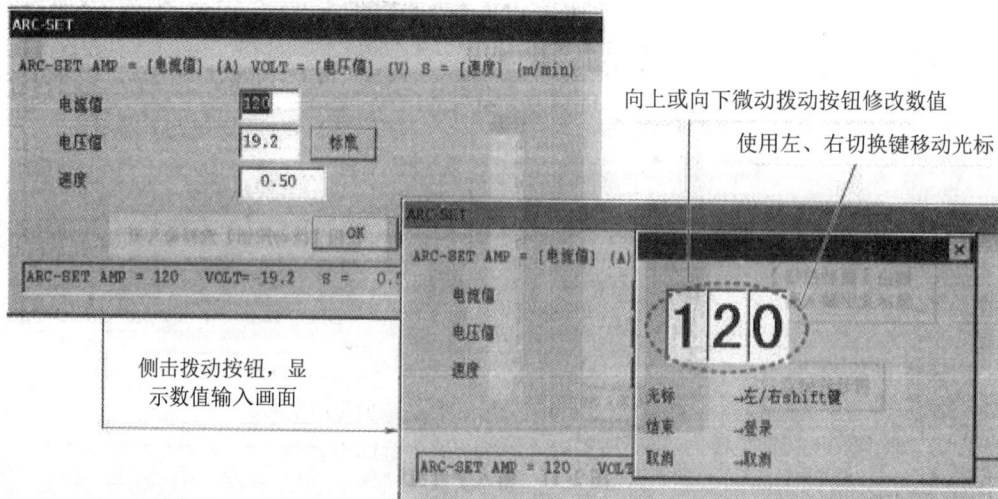

图 7-6　输入数值

① 使用左、右切换键移动光标，切换数值输入列。

② 使用拨动按钮修改数值。

③ 按登录键 ⇨，关闭窗口并保存所修改的数值。

④ 按取消键 ⁄⁄，不保存所修改的数值，直接关闭窗口。

⑤ 移动光标至"OK"按钮或"YES"按钮并侧击拨动按钮，等同于直接按下登录键 ⇨。

⑥ 移动光标至"取消"按钮或"NO"按钮并侧击拨动按钮，等同于直接按下取消键 ⁄⁄。

(5) 输入字母。在字母输入画面中移动光标至准备输入字母的项目上，侧击拨动按钮显示字母输入画面。字母输入图标(软键盘)显示在动作功能键的右边，包括大写字母、小写字母、数字和符号，具体过程如图 7-7 所示。

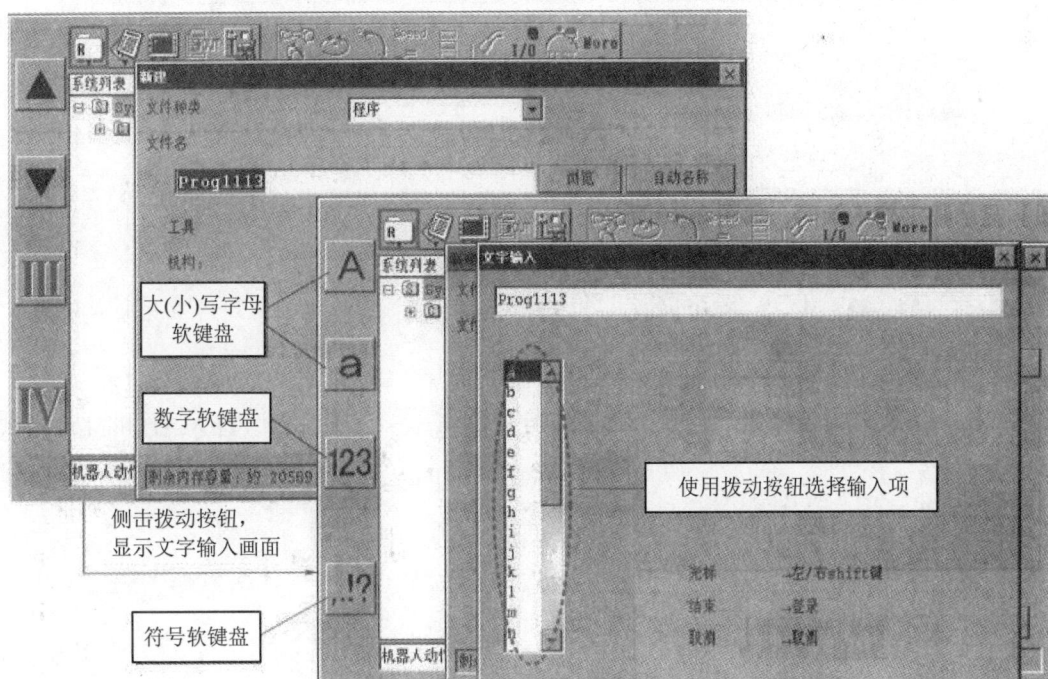

图 7-7　输入字母

① 使用拨动按钮选择输入项。

② 按登录键 ⇨，关闭窗口并保存输入内容。

③ 按取消键 ⁄⁄，不保存输入内容，直接关闭窗口。

3) 获取帮助

操作者在使用示教器对机器人进行示教编程的过程中，难免会碰到一些警告或发生一些错误，此时可通过单击显示屏右上角的(帮助)图标 来获得在线帮助信息。

移动光标至(帮助)图标 上，侧击拨动按钮可显示帮助窗口，如图 7-8 所示。

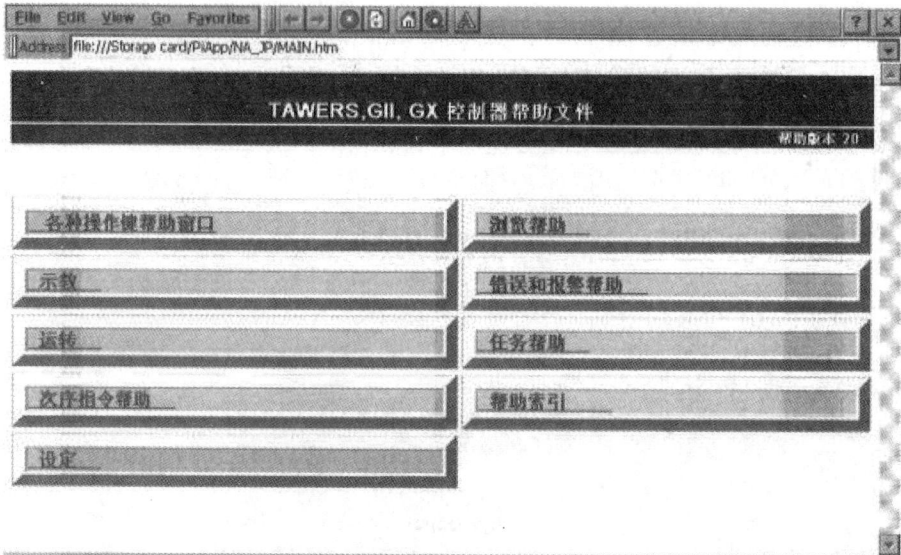

图 7-8　Panasonic GIII机器人在线帮助系统界面

按窗口切换键 ，关闭帮助窗口，返回前一个操作窗口。

4) 模式选择

Panasonic GIII机器人示教器提供了两种动作模式：示教模式(TEACH)和自动模式(AUTO)。

在示教模式下，操作者可进行以下操作：

(1) 编辑、示教(跟踪)作业程序。

(2) 修改已登录的作业程序。

(3) 设定各种特性文件(如起弧、收弧文件)和参数。

在自动模式下，操作者可进行以下操作：

(1) 再现示教程序。

(2) 设定、修改或删除各种条件文件。

出于安全方面的考虑，当进行模式切换时，示教模式优先。在示教模式下，从外部设备输入的信号无效，用于自动运行的启动按钮⊙也无效。

7.1.2　运动控制

1. 机器人的技术指标

机器人的技术指标反映了机器人的适用范围和工作性能，是选择、使用机器人必须考虑的问题。尽管各机器人厂商所提供的技术指标不完全一样，机器人的结构、用途以及用户的要求也不尽相同，但其主要技术指标一般均为自由度、额定负载、工作精度、工作空间、最大工作速度等。

(1) 自由度：物体能够对坐标系进行独立运动的数目，末端执行器的动作不包括在内。自由度通常作为工业机器人的技术指标，反映机器人动作的灵活性，可用轴的直线移动、摆动或旋转动作的数目来表示。采用空间开链连杆机构的机器人，因每个关节运动副仅有一个自由度，所以机器人的自由度数就等于它的关节数。由于具有六个旋转关节的铰接开链式机器人从运动学上已被证明能以最小的结构尺寸获取最大的工作空间，并且能以较高的位置精度和最优的路径到达指定位置，因此其在工业领域得到了广泛的应用。目前，焊接作业机器人多为 6 或 7 自由度。

(2) 额定负载(称持重)：正常操作条件下，作用于机器人手腕末端且不会使机器人性能降低的最大载荷。目前使用的工业机器人的负载范围为 0.5～800 kg。

(3) 工作精度：主要指定位精度和重复定位精度。定位精度(又称绝对精度)是指机器人末端执行器实际到达位置与目标位置之间的差异。重复定位精度(简称重复精度)是指机器人重复定位其末端执行器于同一目标位置的能力。机器人具有绝对精度低、重复精度高的特点。一般而言，机器人的绝对精度要比重复精度低一到两个数量级。造成这种情况的主要原因是机器人控制系统根据机器人的运动学模型来确定机器人末端执行器的位置，然而这个理论上的模型和实际机器人的物理模型存在一定的误差，产生误差的因素主要有机器人本身的制造误差、工件加工误差以及机器人与工件的定位误差等。目前，工业机器人的重复精度可达 $\pm 0.01 \sim \pm 0.5$ mm。

(4) 工作空间(又称工作范围、工作行程)：工业机器人在执行任务时，其手腕参考点所能掠过的空间。由于工作范围的形状和大小反映了机器人工作能力的大小，因而它对于机器人的应用十分重要。工作范围不仅与机器人各连杆的尺寸有关，还与机器人的总体结构有关。为了能真实反映机器人的特征参数，厂家所给出的工作范围一般指不安装末端执行器时可以到达的区域。应特别注意的是，在装上末端执行器后，需要同时保证工具姿态，故实际的可达空间会比厂家给出的要小一点，因此需要认真地用比例作图法或模型法核算一下，以判断是否满足实际需要。目前，单体工业机器人本体的工作半径可达 3.5 m 左右。

(5) 最大工作速度：在各轴联动的情况下，机器人手腕中心所能达到的最大线速度。这在生产中是影响生产效率的重要指标。不同生产厂家的标注不同，一般都会在技术参数中加以说明。很明显，最大工作速度越高，生产效率也就越高。然而，工作速度越高，对机器人最大加速度的要求也就越高。

除上述五项技术指标外，还应注意机器人的控制方式、驱动方式、安装方式、存储容量、插补功能、语言转换、自诊断及自保护、安全保障功能等。

2. 机器人的点位运动和连续路径运动

实际上，工业机器人的很多作业实质是控制机器人末端执行器的位姿，以实现点位运动或连续路径运动。

1) 点位(Point to Point，PTP)运动

点位运动只关心机器人末端执行器运动的起点和目标点位姿，而不关心这两点之间的运动轨迹。点位运动比较简单，容易实现。例如，在图 7-9 中，若要求机器人末端执行器由 A 点 PTP 运动到 B 点，则机器人可沿①～③中的任一路径运动。该运动方式可完成无障碍条件下的点焊作业操作。

2) 连续路径(Continuous Path，CP)运动

连续路径运动不仅关心机器人末端执行器到达目标点的精度，而且必须保证机器人能沿所期望的轨迹在一定精度范围内重复运动。例如，在图 7-9 中，若要求机器人末端执行器由 A 点直线运动到 B 点，则机器人仅可沿路径②移动。该控制方式可完成机器人弧焊操作。

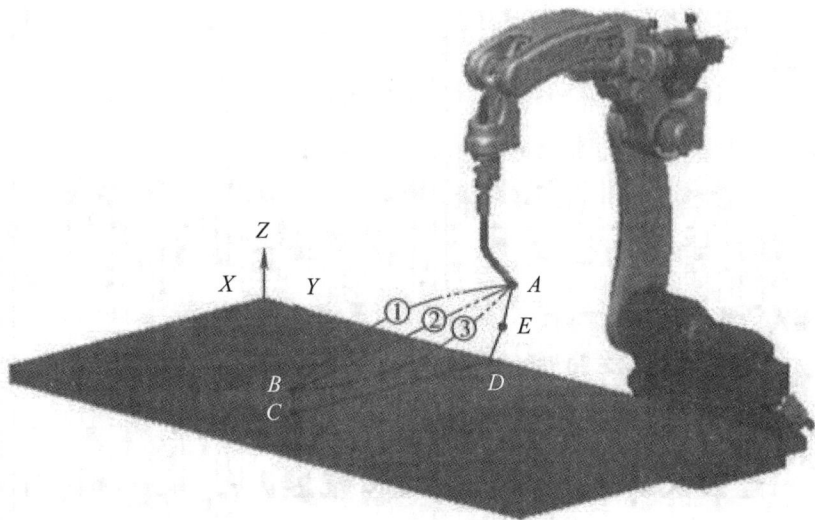

图 7-9　机器人 PTP 运动和 CP 运动

机器人连续路径运动的实现是以点位运动为基础的，通过在相邻两点之间采用满足精度要求的直线或圆弧轨迹插补运算即可实现轨迹的连续化。机器人再现时，主控制器(上位机)从存储器中逐点取出各示教点空间位姿坐标值，通过对其进行直线或圆弧插补运算，生成相应的路径规划，然后把各插补点的位姿坐标值通过运动学逆解运算转换成关节角度值，分送机器人各关节或关节控制器(下位机)。绝大多数工业机器人选用关节式运动形式，故很难直接检测机器人末端的运动，只能对各关节进行控制，属于半闭环系统。

7.2　焊接机器人操作指导

焊接机器人是根据不同的作业轨迹要求来实现在各种坐标系下的运动的。本节将以 Panasonic GⅢ机器人为例，通过手动操纵方式实现焊接机器人的点位运动和连续路径运动，

旨在让学生掌握手动操纵焊接机器人的方法，并加深对机器人常用坐标系及各运动轴在不同坐标系下的运动的理解。

7.2.1　运动轴与坐标系选取操作

1. 运动轴与坐标系基础知识

焊接机器人大多是由典型六关节通用工业机器人装上焊钳或各种焊枪而构成的。顾名思义，六关节机器人本体有六个可活动的关节(轴)。例如，Panasonic GⅢ机器人的六轴分别定义为 RT 轴、UA 轴、FA 轴、RW 轴、BW 轴和 TW 轴。

如图 7-10 所示，S、L、U 三轴或轴 1、轴 2、轴 3(RT、UA、FA 三轴)称为基本轴或主轴，用以保证到达工作空间的任意位置；R、B、T 三轴或轴 4、轴 5、轴 6(RW、BW、TW 三轴)称为腕部轴或次轴，用以实现末端执行器的任意空间姿态。

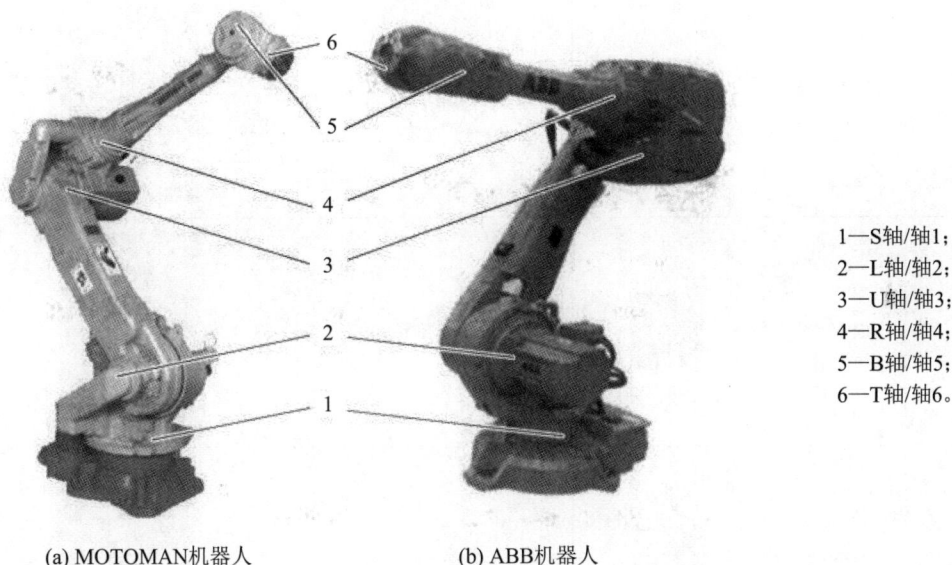

1—S轴/轴1；
2—L轴/轴2；
3—U轴/轴3；
4—R轴/轴4；
5—B轴/轴5；
6—T轴/轴6。

(a) MOTOMAN机器人　　　　　　　(b) ABB机器人

图 7-10　著名机器人本体运动轴的定义

对机器人进行示教操作时，其运动是在不同的坐标系下进行的。在大部分商用焊接机器人系统中，可以使用五种坐标系：关节坐标系、直角坐标系、工具坐标系、圆柱坐标系和用户坐标系。

1) 关节坐标系

机器人在关节坐标系下的运动，就是机器人各个关节(轴)进行的单独运动。对于大范围运动，且不要求机器人 TCP(工具尖端点)姿态的，可选关节坐标系。各轴具体的动作情况见表 7-3。

表 7-3　Panasonic GⅢ机器人在关节坐标系下的各轴动作

轴名称		轴图标	动作说明	动作图示
基本轴	RT 轴		本体左右回转	
	UA 轴		大臂上下运动	
	FA 轴		小臂前后运动	
腕部轴	RW 轴		手腕回旋运动	
	BW 轴	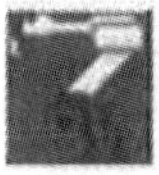	手腕弯曲运动	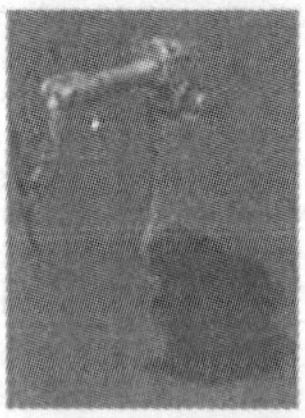
	TW 轴		手腕扭曲运动	

2) 直角坐标系

直角坐标系是机器人示教与编程时经常使用的坐标系之一,这主要源于大家对它比较熟悉。直角坐标系的原点定义在机器人的安装面与第一转动轴的交点处,X 轴向前,Z 轴向上,

Y 轴按右手规则确定。在直角坐标系中，不管机器人处于什么位置，机器人 TCP 均可沿设定的 X 轴、Y 轴及 Z 轴平行移动。各轴具体的动作情况见表 7-4。

表 7-4　Panasonic GⅢ机器人在直角坐标系下的各轴动作

轴名称		轴图标	动作说明	动作图示
基本轴	X 轴	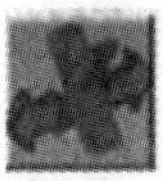	沿 X 轴平行移动	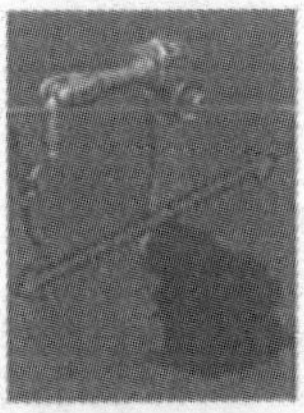
	Y 轴		沿 Y 轴平行移动	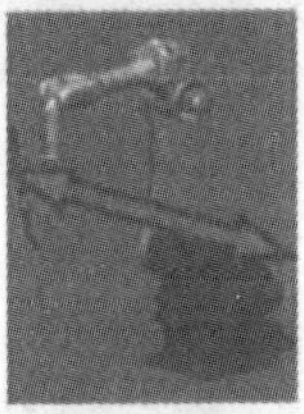
	Z 轴		沿 Z 轴平行移动	
腕部轴	U 轴		绕 Z 轴旋转	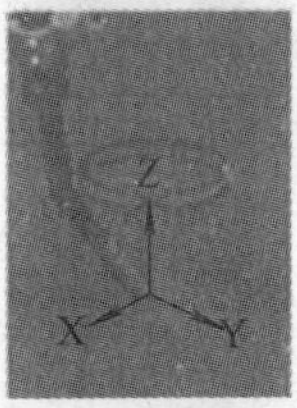
	V 轴		绕 Y 轴旋转	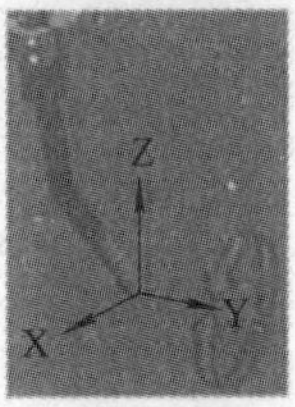
	W 轴		绕 TCP 所指方向旋转	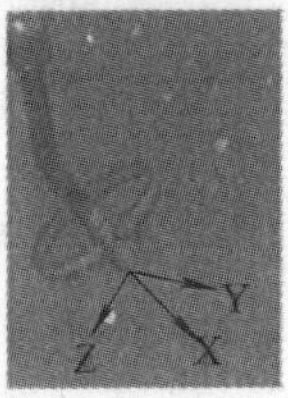

3) 工具坐标系

工具坐标系的原点定义为机器人的 TCP，并且假定有效方向为 X 轴，Y 轴和 Z 轴按右手规则确定。因此，工具坐标的方向随腕部的移动而发生变化，与机器人的位置、姿势无关。

在工具坐标系中，机器人末端轨迹沿工具坐标系的 X 轴、Y 轴和 Z 轴方向运动。进行相对于工件不改变工具姿势的平行移动操作时采用工具坐标系最为适宜。各轴具体的动作情况见表 7-5。

表 7-5　Panasonic GⅢ机器人在工具坐标系下的各轴动作

轴名称		轴图标	动作说明	动作图示
基本轴	X 轴		沿 X 轴平行移动	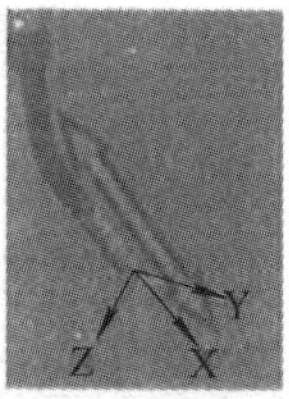
	Y 轴		沿 Y 轴平行移动	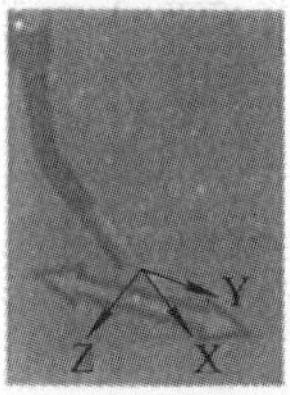
	Z 轴		沿 Z 轴平行移动	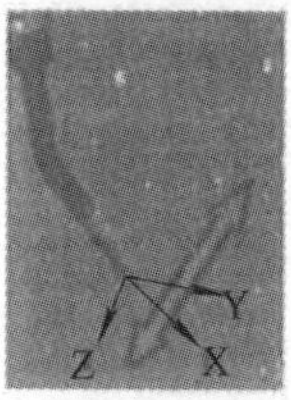
腕部轴	Rx 轴		绕 X 轴旋转	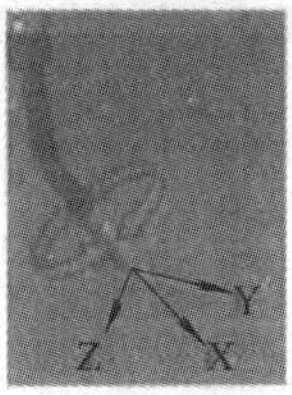
	Ry 轴		绕 Y 轴旋转	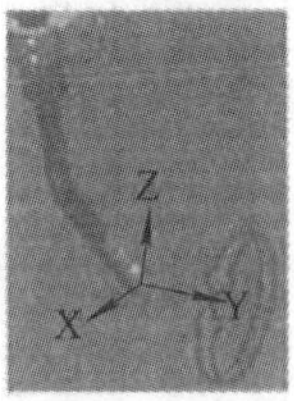
	Rz 轴		绕 Z 轴旋转	

4) 圆柱坐标系

圆柱坐标系的原点与直角坐标系的原点相同，θ 轴方向为本体 RT 轴的转动方向，r 轴沿 UA 轴臂和 FA 轴臂轴线的投影方向运动，Z 轴的运动方向与直角坐标系的完全相同。圆柱坐标系的操作与直角坐标系类似。设定为圆柱坐标系时，机器人 TCP 以本体轴 RT 轴为中心做回旋运动，或与 Z 轴成直角做平行移动。各轴具体的动作情况见表 7-6。

表 7-6　Panasonic GⅢ机器人在圆柱坐标系下的各轴动作

轴名称		轴图标	动作说明	动作图示
基本轴	θ 轴		本体绕 RT 轴回旋	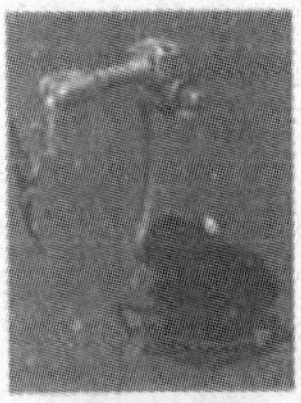
	r 轴		垂直于 Z 轴移动	
	Z 轴		沿 Z 轴平行移动	
腕部轴	Rx 轴		绕 X 轴旋转	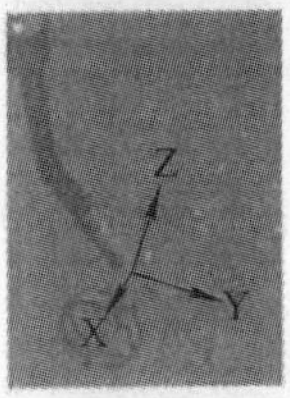
	Ry 轴		绕 Y 轴旋转	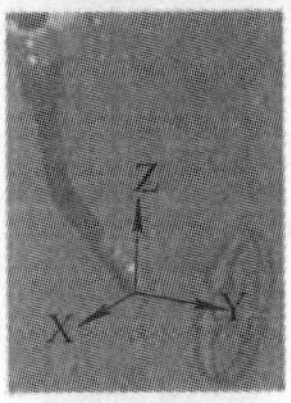
	Rz 轴		绕 Z 轴旋转	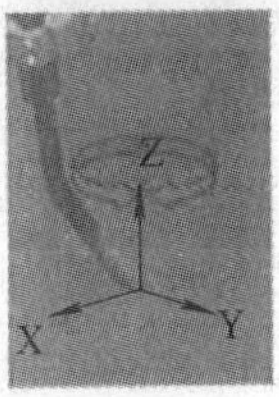

5) 用户坐标系

用户坐标系是用户为了便于工作而自行定义的坐标系。用户可根据需要定义多个坐标系。在用户坐标系下，机器人末端轨迹沿用户自定义的坐标轴方向运动。当机器人配备多个工作台时，使用用户坐标系能使示教操作更为简单。各轴具体的动作情况见表 7-7。

表 7-7　Panasonic GⅢ机器人在用户坐标系下的各轴动作

轴名称		轴图标	动作说明	动作图示
基本轴	X 轴	 User ←X→	沿 X 轴平行移动	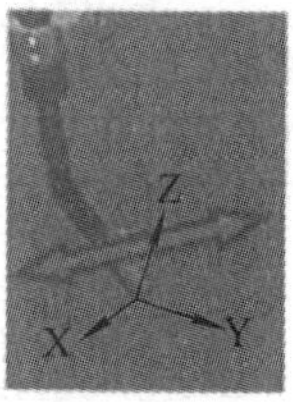
	Y 轴	 User ←Y→	沿 Y 轴平行移动	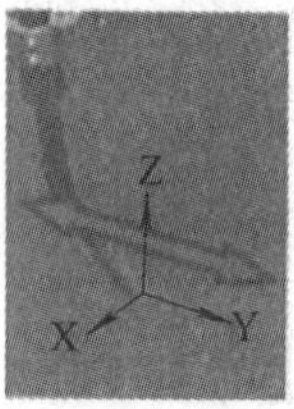
	Z 轴	 User ←Z→	沿 Z 轴平行移动	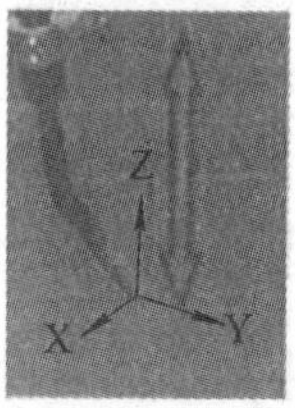
腕部轴	Rx 轴	 User	绕 X 轴旋转	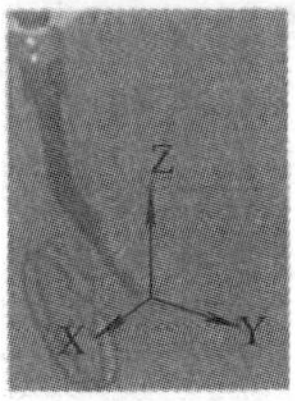
	Ry 轴	 User Y	绕 Y 轴旋转	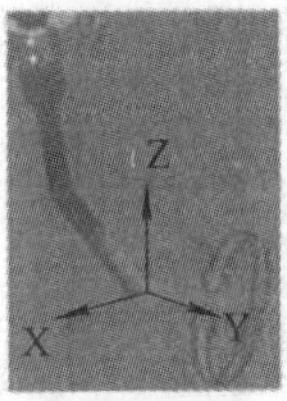
	Rz 轴	 User	绕 Z 轴旋转	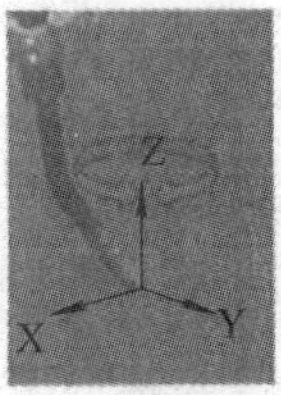

机器人的五种坐标系功能等同,在某一坐标系下完成的动作同样可在另外四种坐标系下实现。

机器人在关节坐标系下的动作是单轴运动,而在其他坐标系下一般为多轴联动。

在关节坐标系以外的其他坐标系中,均可只改变工具姿态而不改变工具尖端点的位置,这称为控制点不变动作,如图7-11所示。

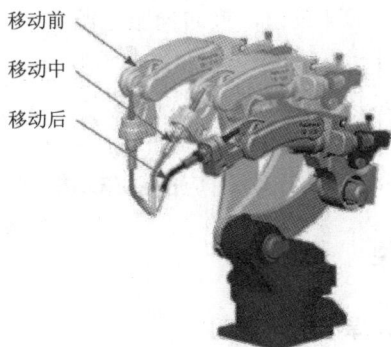

图 7-11　机器人控制点不变动作

通过选择不同的动作坐标系,可以更改机器人手臂的移动方向。

为了操作方便,表 7-8 列出了 Panasonic GⅢ机器人坐标系操作中常用的图标及功能。

表 7-8　Panasonic GⅢ机器人坐标系操作中常用图标及功能

图标	定义	功能	图标	定义	功能
	对象机构	用于示教模式下选择机器人或外部轴		坐标系	用于示教模式下选择机器人运动坐标系
	速度	用于示教模式下选择手动操作机器人的移动速度		机器人动作 OFF	绿灯灭,用于示教模式下编辑用户程序
	机器人动作 ON	绿灯亮,用于示教模式下操作机器人运动		关节	用于示教模式下关节坐标系的选取
	直角	用于示教模式下直角坐标系的选取		工具	用于示教模式下工具坐标系的选取
	圆柱	用于示教模式下圆柱坐标系的选取		用户	用于示教模式下用户坐标系的选取
	速度(低)	用于示教模式下选择机器人点动操作时运转速度为低速		速度(中)	用于示教模式下选择机器人点动操作时运转速度为中速
	速度(高)	用于示教模式下选择机器人点动操作时运转速度为高速			

2. 选择机器人坐标系和运动轴

正确有效地选择机器人运动坐标系及坐标系下的相应运动轴，是实现手动操纵机器人的基本前提。选择机器人坐标系和运动轴的基本步骤如下。

(1) 确认模式切换键对准"TEACH"。

(2) 轻握安全开关，按伺服 ON 按钮，接通伺服电源。

(3) 按动作功能键Ⅶ，打开机器人动作图标(绿灯亮)。

(4) 按左切换键进行坐标系切换：关节(默认)→直角→工具→圆柱→用户。动作功能键图标区将显示所选坐标系下的基本轴(左)和腕部轴(右)。

(5) 根据动作需要按住某一运动轴图标对应的动作功能键，选择相应的运动轴。

7.2.2　直线轨迹示教操作

1. 板-板对接接头的机器人焊接示教说明

1) 任务描述

本任务要求用 CO_2 作保护气体，使用直径为 1.2 mm 的 H08Mn2SiA 焊丝，通过手动操纵机器人完成两块 Q235 钢板(200 mm × 50 mm × 4 mm)的对焊作业，如图 7-12 所示。

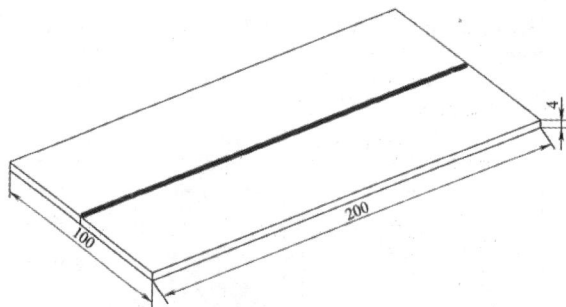

图 7-12　板对接平焊接头

2) 任务分析

用机器人完成图 7-12 所示焊缝的焊接共需 6 个示教点，如图 7-13 所示，每个示教点的焊枪姿态见表 7-9。实际示教时按图 7-14 所示流程开展。任务完成后，应填写任务完成报告。实际示教时，直线轨迹如图 7-15 所示。直线轨迹示教说明见表 7-10。Panasonic GⅢ机器人直线轨迹示教程序如图 7-16 所示。

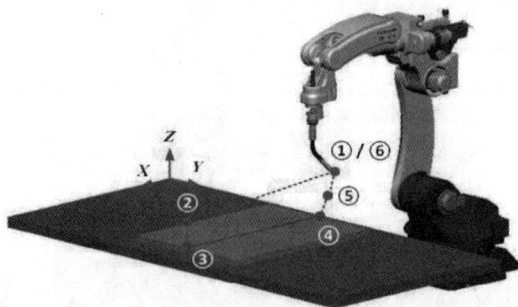

图 7-13　机器人运动轨迹(板对接平焊)

表 7-9 示教点的焊枪姿态

示教点	焊枪姿态			用途
	U 轴/(°)	V 轴/(°)	W 轴/(°)	
①	180	45	180	机器人原点
②	0	15	0	作业临近点
③	0	15	0	焊接开始点
④	0	15	0	焊接结束点
⑤	0	15	0	焊枪规避点
⑥	180	45	180	机器人原点

表 7-9 中的焊枪姿态仅供参考，其因机器人配置、工作台及工件放置位置的不同而不同。具体示教时，焊枪角度因板厚而异，本任务中建议焊枪与板平面法线的夹角为 $10°\sim20°$。

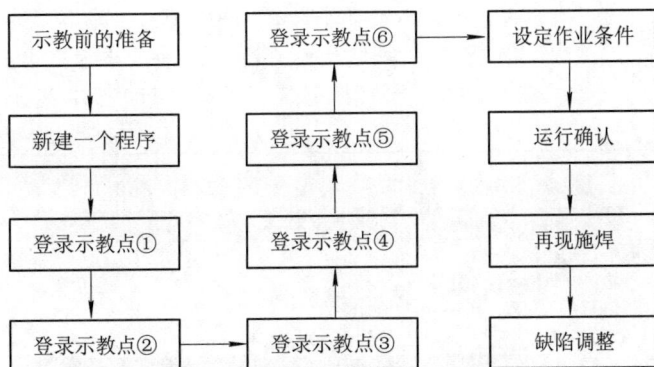

图 7-14 机器人示教流程(板对接平焊)

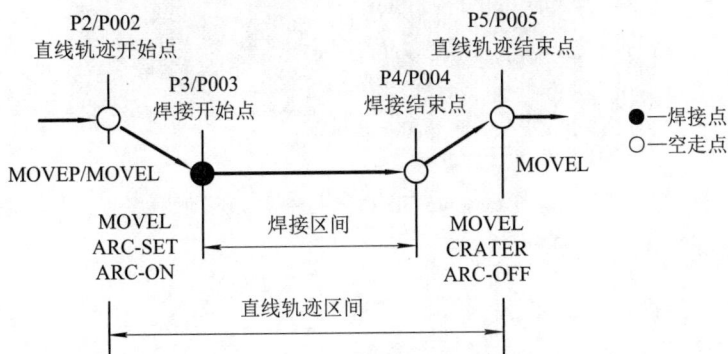

图 7-15 直线轨迹示意图

表 7-10　直线轨迹示教说明

序号	示教点	示教方法
1	P2/P002 直线轨迹开始点	① 将机器人移动到直线轨迹开始点； ② 将示教点属性设定为 (空走点)，插补方式选 (MOVEP)或 (MOVEL)； ③ 按 (登录键)，保存示教点 P2/P002 为直线轨迹开始点
2	P3/P003 焊接开始点	① 将机器人移动到焊接开始点； ② 将示教点属性设定为 (焊接点)，插补方式选 (MOVEL)； ③ 按 (登录键)，保存示教点 P3/P003 为焊接开始点
3	P4/P004 焊接结束点	① 将机器人移动到焊接结束点； ② 将示教点属性设定为 (空走点)，插补方式选 (MOVEL)； ③ 按 (登录键)，保存示教点 P4/P004 为焊接结束点
4	P5/P005 直线轨迹结束点	① 将机器人移动到直线轨迹结束点； ② 将示教点属性设定为 (空走点)，插补方式选 (MOVEL)； ③ 按 (登录键)，保存示教点 P5/P005 为直线轨迹结束点

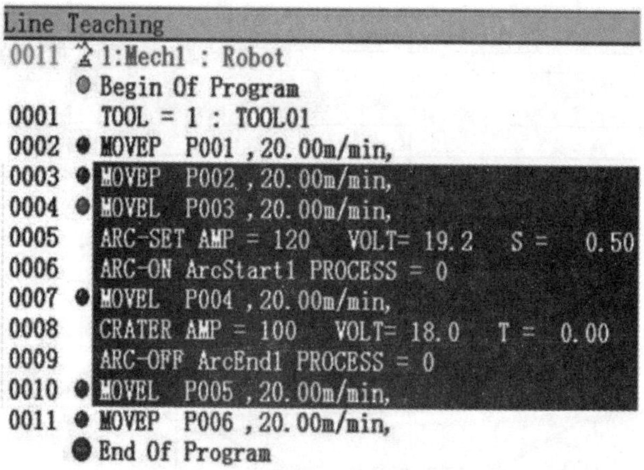

```
Line Teaching
0011   1:Mech1 : Robot
       Begin Of Program
0001   TOOL = 1 : TOOL01
0002   MOVEP  P001 , 20.00m/min,
0003   MOVEP  P002 , 20.00m/min,
0004   MOVEL  P003 , 20.00m/min,
0005   ARC-SET AMP = 120   VOLT= 19.2   S =   0.50
0006   ARC-ON ArcStart1 PROCESS = 0
0007   MOVEL  P004 , 20.00m/min,
0008   CRATER AMP = 100   VOLT= 18.0   T =  0.00
0009   ARC-OFF ArcEnd1 PROCESS = 0
0010   MOVEL  P005 , 20.00m/min,
0011   MOVEP  P006 , 20.00m/min,
       End Of Program
```

图 7-16　Panasonic GIII机器人直线轨迹示教程序

3) 作业条件的设定

焊接作业条件的设定主要涉及以下几个方面：

(1) 在 ARC-SET 命令中设定焊接开始规范。

① 在程序编辑窗口中移动光标至 ARC-SET 命令语句上，侧击拨动按钮，弹出“ARC-SET”参数设置窗口，如图 7-17 所示。

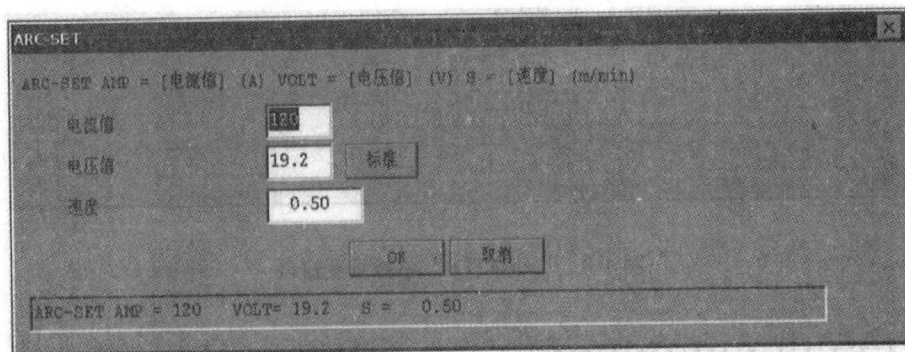

图 7-17 "ARC-SET"参数设置窗口

用 Panasonic GⅢ示教器示教时，在程序编辑窗口的右下角会出现 图标(对应用户功能键 F6)。单击该图标后，弹出"焊接导航功能"对话框。通过设定接头形式、板厚、焊接速度等参数，机器人会自动给出一个标准的焊接规范。

② 输入参数，确认无误后，按 或单击界面上的"OK"按钮完成焊接开始规范的设定。

Panasonic CO_2/MAG 焊接机器人在出厂时，厂家已预设了五套焊接开始规范(见表 7-11)，操作人员选择规范的编号即可。

表 7-11 CO_2/MAG 焊接机器人厂家预设的五套焊接开始规范

参数	编 号				
	1	2	3	4	5
电流/A	120	160	200	260	320
电压/V	19.2	20.6	22.8	27.2	35.0
速度/(m/min)	0.50	0.50	0.50	0.50	0.50

(2) 在 CRATER 命令中设定焊接结束规范。

① 在程序编辑窗口中移动光标至 CRATER 命令语句上，侧击拨动按钮，弹出"CRATER"参数设置窗口，如图 7-18 所示。

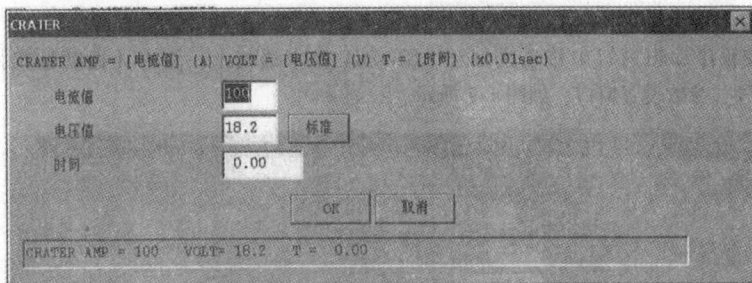

图 7-18 "CRATER"参数设置窗口

② 输入参数，确认无误后，按 或单击界面上的"OK"按钮完成焊接结束规范的设定。

Panasonic CO_2/MAG 焊接机器人在出厂时,厂家已预设了五套焊接结束规范(见表 7-12),操作人员选择规范的编号即可。

表 7-12　CO_2/MAG 焊接机器人厂家预设的五套焊接结束规范

参数	编号				
	1	2	3	4	5
电流/A	100	120	160	200	260
电压/V	18.2	19.2	20.6	22.8	27.2
填坑时间/s	0.00	0.00	0.00	0.00	0.00

(3) 在 ARC-ON 命令中指定焊接开始动作次序。

① 在程序编辑窗口中移动光标至 ARC-ON 命令语句上,侧击拨动按钮,弹出"ARC-ON"参数设置窗口,如图 7-19 所示。

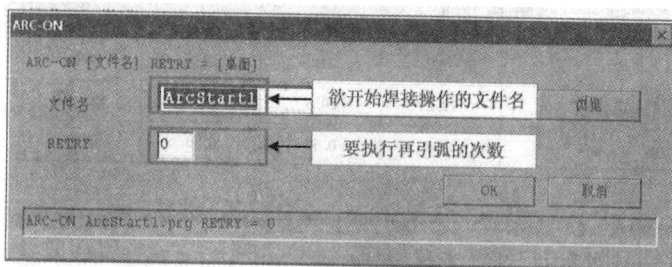

图 7-19　"ARC-ON"参数设置窗口

② 输入参数,确认无误后,按 或单击界面上的"OK"按钮完成焊接开始动作次序的设定。

Panasonic CO_2/MAG 焊接机器人在出厂时,厂家已预设了五套焊接开始动作次序文件(见表 7-13),操作人员选择对应的文件即可。

表 7-13　CO_2/MAG 焊接机器人厂家预设的五套焊接开始动作次序文件

序号	文 件 名				
	ArcStart1	ArcStart2	ArcStart3	ArcStart4	ArcStart5
1	GASVALVE ON	GASVALVE ON	GASVALVE ON	DELAY 0.10	DELAY 0.10
2	TORCHSW ON	DELAY 0.10	DELAY 0.20	GASVALVE ON	GASVALVE ON
3	WAIT-ARC	TORCHSW ON	TORCHSW ON	DELAY 0.20	DELAY 0.20
4		WAIT-ARC	WAIT-ARC	TORCHSW ON	TORCHSW ON
5				WAIT-ARC	DELAY 0.20
6					WAIT-ARC

(4) 在 ARC-OFF 命令中指定焊接结束动作次序。

① 在程序编辑窗口中移动光标至 ARC-OFF 命令语句上，侧击拨动按钮，弹出"ARC-OFF"参数设置窗口，如图 7-20 所示。

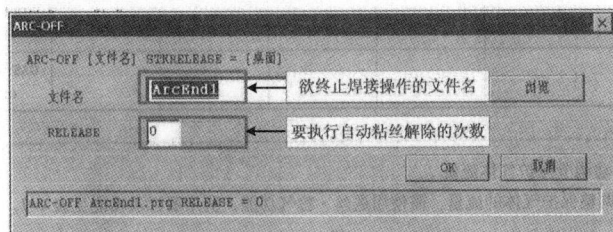

图 7-20　"ARC-OFF"参数设置窗口

② 输入参数，确认无误后，按 ⇨ 或单击界面上的"OK"按钮完成焊接结束动作次序的设定。

Panasonic CO_2/MAG 焊接机器人在出厂时，厂家已预设了五套焊接结束动作次序文件(见表 7-14)，操作人员选择对应的文件即可。

表 7-14　CO_2/MAG 焊接机器人厂家预设的五套焊接结束动作次序文件

序号	文 件 名				
	ArcEnd1	ArcEnd2	ArcEnd3	ArcEnd4	ArcEnd5
1	TORCHSW OFF	DELAY 0.20	DELAY 0.20	DELAY 0.30	DELAY 0.20
2	DELAY 0.40	TORCHSW OFF	TORCHSW OFF	TORCHSW OFF	TORCHSW OFF
3	STICKCHK ON	DELAY 0.30	DELAY 0.40	DELAY 0.40	DELAY 0.20
4	DELAY 0.30	STICKCHK ON	STICKCHK ON	STICKCHK ON	AMP=150
5	STICKCHK OFF	DELAY 0.30	DELAY 0.30	DELAY 0.30	WIRERWD ON
6	GASVALVE OFF	STICKCHK OFF	STICKCHK OFF	STICKCHK OFF	DELAY 0.10
7		GASVALVE OFF	GASVALVE OFF	GASVALVE OFF	WIRERWD OFF
8					STICKCHK ON
9					DELAY 0.30
10					STICKCHK OFF
11					GASVALVE OFF

(5) 手动调节保护气体的流量。

为了调整保护气体的流量，需使用"送丝·检气"操作。该操作常用图标及功能见表 7-15。

表 7-15　"送丝·检气"操作常用图标及功能

图标	定义	功　　能
	送丝·检气 OFF	绿灯灭，表示点动送丝和气流检查功能关闭。按下该键，打开送丝·检气功能
	送丝·检气 ON	绿灯亮，表示点动送丝和气流检查功能已开启。按下该键，关闭送丝·检气功能
	送丝	按住该键，焊丝向前送出。前 3 s 内焊丝以慢速送出，之后转为高速送出
	抽丝	按住该键，焊丝向后回抽。前 3 s 内焊丝以慢速回抽，之后转为高速回抽
	检气	按下该键，气流检查功能打开(图标上绿灯亮)。每次按下该键，在检气 ON/OFF 状态之间切换，对程序的示教内容无影响

按以下步骤完成保护气体流量的调节。

① 按用户功能键 F2，▢(绿灯灭)→▢(绿灯亮)，打开送丝·检气功能，显示屏上动作功能图标区将发生变化，如图 7-21 所示。

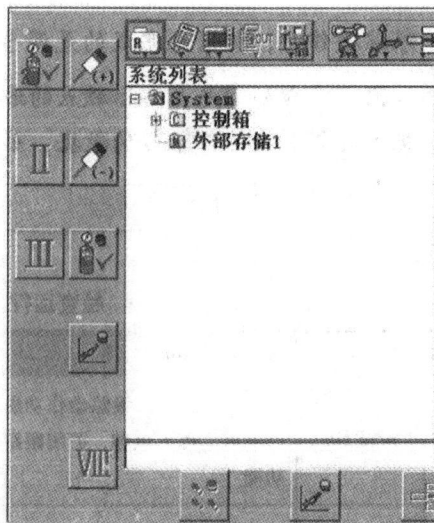

图 7-21　按用户功能键 F2 时的界面变化

② 按动作功能键Ⅵ，→，打开检气功能，然后手动拧开气瓶，根据实际作业规范调节压力至合适范围。

保护气体流量需要依据喷嘴形状、焊缝接头形式、焊丝伸出长度、焊接速度等进行调整。喷嘴口径为 20 mm 时，保护气体流量设定的参考值见表 7-16。当喷嘴口径变小时，气体流量也需降低。

表 7-16　CO_2/MAG 焊接时保护气体流量的设定

焊丝伸出长度/mm	CO_2 气体流量/(L/min)	MAG 气体流量/(L/min)
8~15	10~20	15~25
12~20	15~25	20~30
15~25	20~30	25~30

4) 轨迹的确认与跟踪

检查运行是为了确认示教的轨迹与期望是否一致，需要对输入的程序进行测试运行。检查运行时，不执行 ARC-ON 等作业输出命令，只是程序的空运行。Panasonic GⅢ机器人检查运行操作常用图标及功能见表 7-17。

跟踪操作时，机器人完成的是两个临近示教点之间的单步移动；程序测试时，机器人完成的则是多个示教点的连续移动。

跟踪操作还可改变示教的数据，如位置点的变更、增加、删除，以及作业次序指令的追加与修改等。跟踪和程序测试的操作方法见表 7-18。

表 7-17　检查运行操作常用图标及功能

图标	定义	功能	图标	定义	功能
![]	跟踪 ON	绿灯亮，表示跟踪动作功能已开启。按下该键，关闭跟踪功能	![]	跟踪 OFF	绿灯灭，表示跟踪动作功能关闭。按下该键，打开跟踪功能
![]	正向跟踪	用于示教模式下机器人程序的正向单步检查运行	![]	反向跟踪	用于示教模式下机器人程序的反向单步检查运行
![]	程序测试 ON	绿灯亮，表示程序测试功能已开启。按下该键，关闭程序测试功能	![]	程序测试 OFF	绿灯灭，表示程序测试功能关闭。按下该键，打开程序测试功能
![]	测试实行	用于示教模式下机器人程序的正向连续检查运行			

表 7-18　跟踪和程序测试的操作方法

跟踪的操作方法	程序测试的操作方法
① 切换机器人至示教模式下的编辑状态，移动光标至跟踪起始点所在命令行。 ② 切换机器人至示教模式下的动作状态。按用户功能键，→，打开机器人跟踪功能。 ③ 按住的同时，持续按住拨动按钮或"+"键，机器人将从当前位置移动到光标所在示教点位置(机器人位置与跟踪起始点不一致时)或下一临近示教点位置(机器人位置与跟踪起始点一致时)后停止运动。同理，按住的同时，持续按住拨动按钮或"-"键，机器人将从当前位置移动到光标所在示教点位置(机器人位置与跟踪起始点不一致时)或上一临近示教点位置(机器人位置与跟踪起始点一致时)后停止运动 ④ 重复步骤③的操作，即可完成程序的单步检查运行	① 切换机器人至示教模式下的编辑状态，移动光标至测试起始点所在命令行。 ② 使用窗口切换键，选中→，打开程序测试界面。 ③ 按住的同时，持续按住拨动按钮或"+"键，机器人将从当前位置连续移动到作业结束位置后停止运动

2. 板-板对接接头的机器人焊接示教操作

1) 示教前的准备

开始示教前应做如下准备：

(1) 工件表面清理。核对试板尺寸无误后将其表面清理干净，不能有铁锈、油污等杂质。

(2) 工件装配与定位。选择合适的工艺参数，使用焊条电弧焊设备对待焊试板进行定位焊。

(3) 工件装夹。利用夹具将试板固定在机器人工作台上。

(4) 机器人原点确认。可通过运行控制器内已有的原点程序，让机器人回到待机位置。

(5) 新建程序。新建一个作业程序，输入程序名"Butt_weld"。

2) 运动轨迹的示教

下面以平板对接的运动轨迹为例，给机器人输入一段直线焊缝的作业程序，此程序由编号①~⑥的 6 个示教点组成。处于待机位置的示教点①、⑥要处于与工件、夹具不干涉的位置。另外，示教点⑤在向示教点⑥移动时，也要处于与工件、夹具不干涉的位置。

(1) 示教点①——机器人原点。

① 轻握安全开关，接通伺服电源，按动作功能键Ⅳ， → ，打开机器人动作功能。

② 按右切换键(Panasonic GⅢ示教器)，将示教点属性设定为，插补方式选

(MOVEP)。

③ 按 (登录键)，记录机器人原点，如图 7-22 所示。

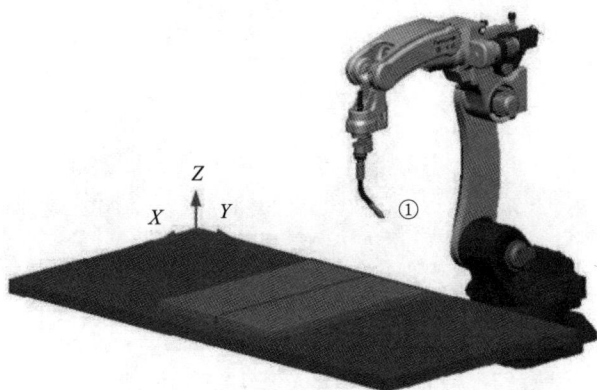

图 7-22 机器人待机位置

(2) 示教点②——作业临近点。

① 切换机器人坐标系至 (直角坐标系)。

② 手动操纵机器人移向焊接开始位置附近，并改变末端焊枪至作业姿态，如图 7-23 所示。

③ 将示教点属性设定为 (空走点)，插补方式选 (MOVEP)或 (MOVEL)。

④ 按 (登录键)，记录示教点②。

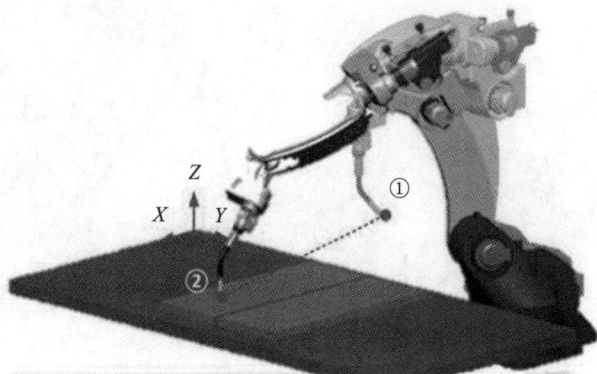

图 7-23 移动机器人到作业临近位置

(3) 示教点③——焊接开始点。

① 保持焊枪姿态不变，在直角坐标系下把机器人移到焊接开始位置，如图 7-24 所示。

② 将示教点属性设定为 (焊接点)，插补方式选 (MOVEL)。

③ 按 ⬛(登录键)，记录示教点③。

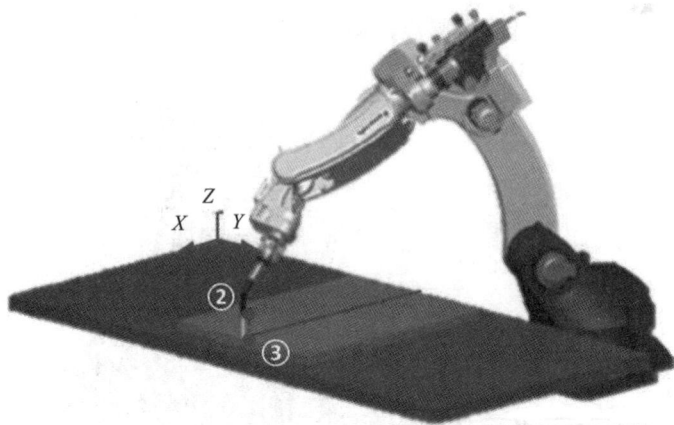

图 7-24　移动机器人到焊接开始位置

(4) 示教点④——焊接结束点。

① 保持焊枪姿态不变，在直角坐标系下把机器人移到焊接结束位置，如图 7-25 所示。

② 将示教点属性设定为 ⬛(空走点)，插补方式选 ⬛(MOVEL)。

③ 按 ⬛(登录键)，记录示教点④。

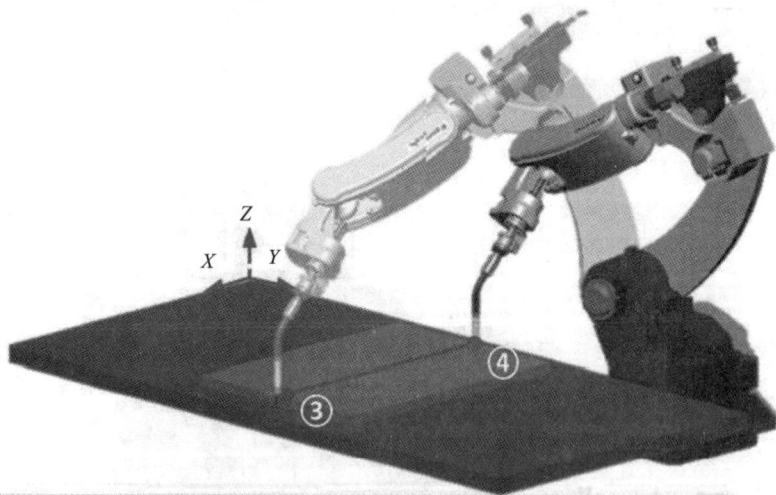

图 7-25　移动机器人到焊接结束位置

(5) 示教点⑤——焊枪规避点。

① 保持焊枪姿态不变，在工具坐标系下沿 ⬛(X 轴)把机器人移到不碰触夹具的位置，如图 7-26 所示。

② 将示教点属性设定为 ⬛(空走点)，插补方式选 ⬛(MOVEL)。

③ 按 (登录键)，记录示教点⑤。

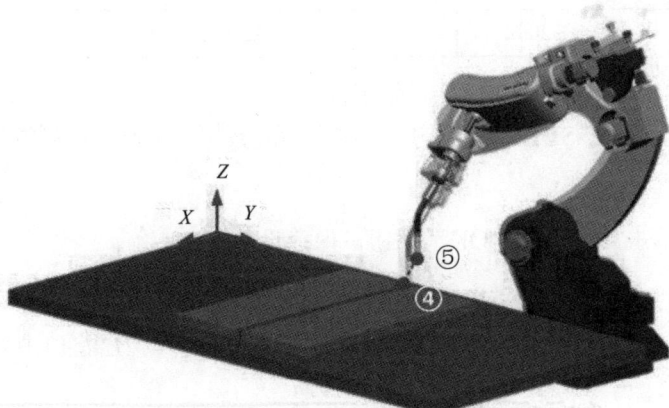

图 7-26 移动机器人到焊枪规避位置

(6) 示教点⑥——机器人原点。

① 关闭机器人动作功能，进入编辑状态，移动光标至示教点① 所在命令行。

② 按用户功能图标 F3 (复制)并侧击拨动按钮，完成复制操作。

③ 移动光标至示教点⑤所在命令行，按用户功能图标 F4 (粘贴)，完成命令粘贴操作。

至此，运动轨迹示教完毕，作业程序的主体部分见表 7-19。

表 7-19 作业程序的主体部分 (板对接平焊)

行标	命 令	说 明
○	Begin Of Program TOOL=1:TOOL01	程序开始 末端工具选择
●	MOVEP P1/P001，10.00m/min	机器人原点位置(示教点①)
●	MOVEP P2/P002，10.00m/min	移到焊接开始位置附近(示教点②)
●	MOVEL P3/P003，5.00m/min ARC-SET AMP=120 VOLT=19.2 S=0.50 ARC-ON ArcStart…	移到焊接开始位置(示教点③) 设定焊接开始规范 开始焊接
●	MOVEL P4/P004，5.00m/min CRATER AMP=100 VOLT=18.2 T=0.00 ARC-OFF ArcEndl…	移到焊接结束位置(示教点④) 设定焊接结束规范 结束焊接
●	MOVEL P5/P005，5.00m/min	移到焊枪规避位置(示教点⑤)
●	MOVEP P6/P006，10.00m/min	移到原点位置(示教点⑥)
●	End Of Program	程序结束

3) 焊接条件的设定

根据表 7-20 所给的工艺参数，完成机器人作业条件的输入。

表 7-20　4 mm Q235 钢板 CO_2 对接焊接参数

焊接电流/A	焊接电压/V	焊接速度/(m/min)	保护气体流量/(m/min)
140～160	19.6～20.6	0.45～0.50	10～15

(1) 在 ARC-SET 命令中设定焊接开始规范。

① 移动光标至 ARC-SET 命令语句上，侧击拨动按钮，在弹出窗口中输入电流、电压和速度参数。

② 按 或单击界面上的"OK"按钮，保存设定。

(2) 在 CRATER 命令中设定焊接结束规范。

① 移动光标至 CRATER 命令语句上，侧击拨动按钮，在弹出窗口中输入电流、电压和填坑时间。

② 按 或单击界面上的"OK"按钮，保存设定。

(3) 手动调节保护气体的流量。

① 按用户功能键 F2， (绿灯灭)→(绿灯亮)，打开送丝•检气功能。

② 按动作功能键Ⅵ， (绿灯灭)→(绿灯亮)，打开检气功能，然后手动调节压力至合适范围。

4) 轨迹的确认与施焊

为了确认示教后的轨迹，需试运行测试程序。如果轨迹合适，则可进行实际焊接。

(1) 检查运行。

① 移动光标到程序开始位置 Begin Of Program 。

② 选中菜单图标，(绿灯灭)→(绿灯亮)，打开程序测试界面。

③ 一边按住 (测试实行)，一边持续按住拨动按钮或"+"键，机器人将沿①→②→③→④→⑤→⑥路径运动。

(2) 再现施焊。

① 确认光标在程序开始位置 Begin Of Program 。

② 将模式切换键置于 AUTO 位置，并关闭电弧锁定 (绿灯灭)。

③ 按伺服 ON 按钮，接通伺服电源。

④ 按启动按钮，机器人将开始运行。

5) 焊接缺陷的调整

采用机器人进行焊接时，若焊接条件设定不合理，则会出现气孔、咬边、虚焊、焊瘤和塌陷等缺陷。机器人常见焊接缺陷的产生原因及调整措施见表 7-21。

表 7-21 机器人常见焊接缺陷的产生原因及调整措施

缺陷种类	产生原因	调整措施
气孔	保护气体流量不足	① 在可以忽略风的影响时，设置基本流量为 15～30L/min； ② 根据施工条件改变气体流量
	喷嘴上有飞溅	① 除去堆积的飞溅； ② 选择合适的焊接条件，防止发生过多的飞溅； ③ 调整焊枪角度及喷嘴高度，减少附着飞溅
	风的影响	① 关闭门窗； ② 焊接中避免使用风扇； ③ 使用隔板
	工件表面有氧化皮、锈、油等	用稀料、刷子、砂轮机等去除杂物
	表面有油漆	用稀料等擦拭
	焊接电流、电压、速度等不合适	① 在合适的电压范围内使用； ② 根据弧长调整电压
	焊枪角度、焊丝伸出长度不合适	① 使焊枪的前倾角更小； ② 焊丝伸出长度要根据焊接条件来设定
咬边	焊接电流过大	减小焊接电流
	电弧电压不合适	取合适的电压或偏低的电压
	焊接速度过大	降低焊接速度
	焊枪角度、焊丝尖端点对准不当	取合适的焊枪角度和焊丝尖端点位置
虚焊	焊接条件不合适	调整焊接电流、焊接速度、焊丝尖端点位置、焊枪角度等
	焊件表面不清洁	除去锈、油等污物
焊瘤	焊接电流过大	设定较低的焊接电流
	焊丝尖端点位置不合适	薄板焊接时，焊丝尖端点位置在工件前 1～1.5 mm 处
	焊枪角度不合适	T 形搭接焊时，焊枪瞄准角度为前倾角
塌陷	焊接电压过高	选择合适的电压或稍低的电压
	焊接速度过快	降低焊接速度

7.2.3 安全操作规程

焊接机器人是一种仿人操作、自动控制、可重复编程、能在三维空间完成各种作业任务的自动化生产设备，具有动作范围大、运动速度快等特点，这使得机器人的示教编程、程序编辑、维护保养等操作必须由经过培训的专业人员来实施，并严格遵守相关的安全操作规程。

示教和手动操纵机器人时的安全操作规程如下：

(1) 禁止用力摇晃机械臂及在机械臂上悬挂重物。

(2) 示教时请勿戴手套。穿戴和使用规定的工作服、安全鞋、安全帽、保护用具等。

(3) 未经许可不能擅自进入机器人工作区域。调试人员进入机器人工作区域时，需随身携带示教器，以防他人误操作。

(4) 示教前，须仔细确认示教器的安全保护装置是否能够正确工作。

(5) 在手动操纵机器人时，要采用较低的速度倍率，便于更好地控制机器人。

(6) 在按下示教器上的动作功能键之前要考虑到机器人的运动趋势。

(7) 要预先考虑好避让机器人的运动轨迹，并确认该路径不受干涉。

(8) 在察觉到有危险时，应立即按下紧急停止按钮，使机器人停止运转。

再现和生产运行时的安全操作规程如下：

(1) 机器人处于自动模式时，严禁进入机器人本体动作范围内。

(2) 在运行作业程序前，须知道机器人根据所编程序将要执行的全部任务。

(3) 使用由其他系统编制的作业程序时，要先跟踪一遍，确认动作之后再使用该程序。

(4) 须知道所有能影响机器人移动的开关、传感器和控制按钮的位置和状态。

(5) 必须知道机器人控制器和外围控制设备上紧急停止按钮的位置，以便在紧急情况下按下这些按钮。

(6) 不要认为机器人没有移动，就表示程序已经完成，此时机器人很可能是在等待让它继续移动的输入信号。

总之，机器人与其他机械设备的操作要求有所不同，它的大运动范围、快速操作、手臂的高速运动等都会造成安全隐患。因此，机器人的示教作业、程序变更、编辑以及维护保养等必须由经过培训的人员实施。同时，对操作者需要进行与电弧焊以及焊接设备相关的安全教育，使之依据安全法实施作业。

下面以 Panasonic 机器人生产商所列的弧焊机器人安全操作规范为例，说明操纵焊接机器人时必须遵守的安全操作规程。此安全操作规程也可作为其他机器人安全操作的参考。

(1) 穿戴和使用规定的工作服、安全鞋、安全帽、保护用具等。紧急情况下可能反应速度慢，所以示教时请勿戴手套。

(2) 未经许可不能擅自进入机器人工作区域。机器人处于自动模式时，严禁进入机器人本体动作范围内。

(3) 不允许将机器人用于规定以外的目的。

(4) 机器人钥匙必须保管好，严禁非授权人员使用机器人。

(5) 禁止用力摇晃机器人及在机器人上悬挂重物。

(6) 禁止倚靠控制箱，防止不小心碰到开关或按钮。

(7) 示教作业前，须仔细确认示教器的安全保护装置是否能够正确工作。

(8) 调试人员进入机器人工作区域时，需随身携带示教器，以防他人误操作。

(9) 示教编程过程中，不需要机器人手臂动作时，要切断伺服电源。

(10) 中断示教时，为了确保安全，应按下紧急停止按钮。

(11) 在察觉到有危险时，应立即按下紧急停止按钮，使机器人停止运转。

(12) 为了防止焊接飞溅落在可燃物上，应将易燃物存放在其他位置或使用不可燃物制作的护罩覆盖。

(13) 使用由其他系统做成的示教程序时，要先跟踪一遍，确认动作之后再使用该程序。

(14) 应在焊接作业地点附近配备灭火器，以便紧急时刻使用。

(15) 作业结束时，为了确保安全，要养成按下紧急停止按钮并切断机器人伺服电源后再断开电源设备开关的习惯。

第8章　摩　擦　焊

摩擦焊是在外力作用下，利用焊件接触面之间的相对摩擦所产生的热量，使接触面金属间通过相互扩散、塑性流动和动态再结晶而完成固态连接的方法。普通摩擦焊过程示意图见图 8-1，F_1 是摩擦压力，F_2 是顶锻压力。

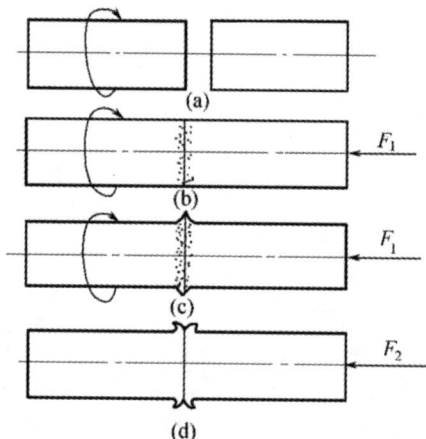

图 8-1　普通摩擦焊过程示意图

摩擦焊的特点如下：

(1) 接头质量高。摩擦焊属于固态焊接。正常情况下接合面不发生熔化，熔合区金属为锻造组织，不产生与熔化和凝固相关的焊接缺陷；压力与扭矩的力学冶金效应使得晶粒细化、组织致密。

(2) 适合异种材料的连接。通常认为不可组合或很难焊的金属材料，如铝/钢、铝/铜、钛/铜等都可以进行摩擦焊。大多数可锻造金属材料都可以进行摩擦焊。

(3) 生产效率高。汽车发动机排气门双头自动摩擦焊机的生产效率可达 800～1200 件/小时。外径 127mm、内径 95mm 的石油钻杆的焊接，连续驱动摩擦焊仅需十几秒，如采用惯性摩擦焊，所需时间还会更短。

(4) 尺寸精度高。用摩擦焊生产的柴油发动机预燃烧室，全长误差为±0.1mm。专用机可保证焊后的长度公差为±0.2mm，偏心度为 0.2mm。

(5) 易于实现机械化、自动化，操作简单。

(6) 环境清洁。工作时不产生烟雾、弧光及有害气体等。

(7) 节能省电。与闪光焊相比节能约 5～10 倍。

摩擦焊以优质、高效、节能、无污染的技术特点受到制造业的重视，特别是近年来开发的搅拌摩擦焊、超塑性摩擦焊等新技术，在航空航天、能源、海洋开发等技术领域及石油化工、机械和车辆制造等产业中得到了广泛的应用。

8.1　摩擦焊基础知识

随着工业技术的发展，摩擦焊的设备种类也不断增加。现在应用较为广泛的是连续驱动摩擦焊和惯性摩擦焊，已经用于大批量生产。为了满足特殊焊接结构的要求，也开发了一些新的摩擦焊方法。摩擦焊主要根据焊件的相对运动形式和焊接工艺特点进行分类，见表 8-1。

表 8-1　摩擦焊分类

分类依据	特征	分类
焊件的相对运动形式	焊件旋转	连续驱动摩擦焊、惯性摩擦焊、混合型旋转摩擦焊、相位摩擦焊等
	焊件不运动	径向摩擦焊和搅拌摩擦焊
	其他运动	摩擦堆焊、线性摩擦焊和轨道摩擦焊等
焊接工艺特点	界面温度	高温摩擦焊、低温摩擦焊和超塑性摩擦焊
	工艺措施	气体保护摩擦焊、感应加热摩擦焊、导电加热摩擦焊和封闭摩擦焊
	复合工艺	钎层摩擦焊、嵌入摩擦焊和第三体摩擦焊

1. 传统摩擦焊机及工艺参数

1) 连续驱动摩擦焊机

连续驱动摩擦焊是最典型的摩擦焊方法，普通型连续驱动摩擦焊机如图 8-2 所示。这种摩擦焊机主要由主轴系统、加压系统、机身、夹头、检测与控制系统以及辅助装置等部分组成。

(1) 主轴系统：主要由主轴电动机、传动皮带、离合器、制动器、轴承和主轴等组成，主轴系统传送焊条所需的功率，并承受摩擦扭矩。

(2) 加压系统：主要包括加压机构和受力机构。加压机构的核心是液压系统，分为夹紧油路、滑台快进油路、滑台工进油路、顶锻保压油路以及滑台快退油路等部分。

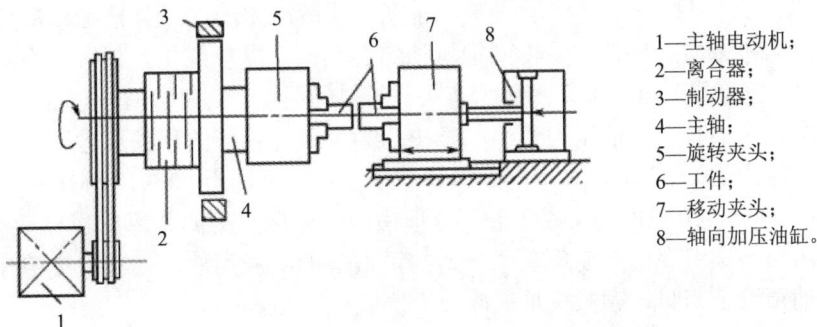

1—主轴电动机；
2—离合器；
3—制动器；
4—主轴；
5—旋转夹头；
6—工件；
7—移动夹头；
8—轴向加压油缸。

图 8-2　普通型连续驱动摩擦焊机示意图

(3) 机身：一般为卧式，少数为立式。为防止变形和振动，机身应有足够的强度和刚度。主轴箱、导轨、拉杆、夹头都装在机身上。

(4) 夹头：分为旋转夹头和移动(固定)夹头两种。旋转夹头又有弹簧夹头和三爪夹头之分，弹簧夹头适用于直径变化不大的工件，三爪夹头适用于直径变化较大的工件。移动夹头大多为液压虎钳，其中简单型适用于直径变化不大的工件，自动定心型适用于直径变化较大的工件。为了使夹持牢固，夹头与工件的接触部分硬度要高、耐磨性要好。

(5) 检测与控制系统：主要涉及时间(摩擦时间、刹车时间、顶端上升时间、顶端维持时间)、加热功率压力(摩擦压力、顶锻压力)、变形量、扭矩、转速、温度、特征信号(如摩擦开始时刻、功率峰值及所对应的时刻)等参数的检测。

(6) 辅助装置：主要包括自动送料、卸料、自动切除飞边装置等。

2) 连续驱动摩擦焊的工艺参数

连续驱动摩擦焊的工艺参数主要有转速、摩擦压力、摩擦时间、摩擦变形量、停车时间、顶锻延时、顶锻压力、顶锻变形量、顶锻变形速度，其中摩擦变形量和顶锻变形量是其他参数的综合反映。

(1) 转速和摩擦压力。它们直接影响摩擦扭矩、摩擦加热功率、接头温度场、塑性层温度以及摩擦变形速度等。当工件直径一定时，转速代表摩擦速度。实心圆截面工件摩擦界面上的平均摩擦速度是距圆心 2/3 半径处的摩擦线速度。转速和摩擦压力的选用范围很宽，常用的组合为强规范和弱规范。强规范时，转速较低，摩擦压力较大，摩擦时间短；弱规范时，转速较高，摩擦压力小，摩擦时间长。

(2) 摩擦时间。它影响接头的温度、温度场和质量。如果摩擦时间短，则界面加热不充分，接头温度和温度场不能满足焊接要求；如果摩擦时间长，则消耗能量多，热影响区大，高温区金属易过热，变形飞边大，消耗材料多。碳钢工件的摩擦时间一般在 1～40 s 的范围内。

(3) 摩擦变形量。它与转速、摩擦压力、摩擦时间、材质状态和变形抗力有关。要想得到牢固的接头，必须有一定的摩擦变形量，通常选取的范围为 1～10 mm。

(4) 停车时间和顶锻延时。停车时间是转速由给定值下降到零所对应的时间，当停车时间从短到长变化时，摩擦扭矩后峰值从小到大变化。停车时间还影响接头的变形层厚度和焊接质量，当变形层较厚时，停车时间要短；当变形层较薄且希望在停车阶段增加变形层厚度时，则可延长停车时间，通常选取 0.1～1 s。顶锻延时是为了调整摩擦扭矩后峰值和变形层厚度。

(5) 顶锻压力、顶锻变形量和顶锻变形速度。顶锻压力的作用是挤出摩擦变形层中的氧化物和其他有害杂质，并使焊缝得到锻压，结合牢固，晶粒细化。顶锻压力的选择与材质、接头温度、变形层厚度以及摩擦压力有关。材料的温度、强度高时，顶锻压力要大；温度高、变形层厚度小时，顶锻压力要小；摩擦压力大时，相应的顶锻压力要小。顶锻压力一般选取摩擦压力的 2～3 倍，对于低碳钢和低合金钢，可选用 80～170 MPa；对于中、高碳钢，可选用 100～400 MPa。顶锻变形量是顶锻压力作用结果的具体反映。顶锻变形量一般选取 1～6 mm。顶锻变形速度反映了"趁热顶锻"的响应品质，如顶锻变形速度慢，则达不到要求的顶锻变形量，顶锻变形速度一般选取 0.1～0.4 mm/s。

几种典型材料连续驱动摩擦焊的工艺参数见表 8-2。

表 8-2　几种典型材料连续驱动摩擦焊的工艺参数

材料	接头直径/mm	工艺参数				备注
		转速/(r/min)	摩擦压力/MPa	摩擦时间/s	顶锻压力/MPa	
45 钢	16、25	2000	60	1.5/4	120	—
45 钢	60	1000	60	20	120	—
45 钢+高速钢	25	2000	120	13	240	采用模子
不锈钢	25	2000	80	10	200	—
铜+不锈钢	25	1750	34	40	240	采用模子
铝+不锈钢	25	1000	50	3	100	采用模子
铝+铜	25	208	280	6	400	采用模子
GH4169	20	2370	90	10	125	—
GH22	20	2370	65	16	95	—
30CrMnSiNi2A	20	2370	30	6	55	—
40CrMnSnMoVA	20	2370	35	3	78	—
1Cr18Ni9Ti	25	2000	40	10	100	—
20CrMnTi+35 钢	20	2000	34	4.5	130	—

3) 惯性摩擦焊机

惯性摩擦焊机的结构如图 8-3 所示。惯性摩擦焊机主要由电动机、主轴、飞轮、夹盘、移动夹具、液压缸等组成。

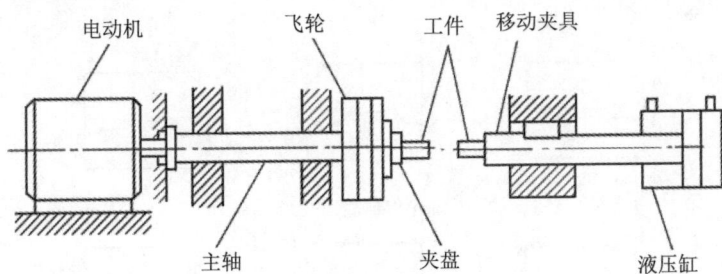

图 8-3　惯性摩擦焊机示意图

焊机工作时，飞轮、主轴、夹盘和工件都被加速至与给定能量相对应的转速，然后停止驱动，工件和飞轮自由旋转；使两工件接触并施加一定的轴向压力，通过摩擦使飞轮的动能转换为摩擦界面的热能，飞轮转速逐渐降低；当飞轮转速变为零时，焊接过程结束。其各部分的工作原理与连续驱动摩擦焊机基本相同。

4) 惯性摩擦焊的工艺参数

惯性摩擦焊的工艺参数有三个：转动惯量、起始转速和轴向压力。前两个参数决定了焊接可用的总能量，轴向压力大小取决于被焊工件材质和接合面的面积。

飞轮的能量可由下式确定：

$$E = 55 \times 10^{-4} In^2 = 55 \times 10^{-4} mr^2 n^2$$

式中：E——能量(J)；

　　　I——飞轮的转动惯量(kg·m^2)，$I = mr^2$；

　　　m——飞轮的质量(kg)；

　　　r——回转半径(m)；

　　　n——瞬时转速(r/min)。

从上式看出，改变飞轮的转动惯量或改变其转速都可改变焊接用的能量。焊接过程中，飞轮因释放其所储能量而降低速度，待飞轮停止，飞轮的能量就会全部传递给焊接接合面而转变为热能。在轴向压力的共同作用下便在接合面上形成焊缝。

工艺参数对摩擦焊接合面加热状态和飞边形状的影响如图8-4所示。

(1) 转动惯量。飞轮转动惯量和起始转速均会影响焊接能量。在能量相同的情况下，转速慢的飞轮产生的顶锻变形量较小，而转速快的飞轮产生的顶锻变形量较大。当能量增加时，接合处呈塑性状态的金属量增加，顶锻和接合面挤出的金属也增加。这时加热状态十分均匀，但能量过大，使金属大量变成飞边。图8-4(a)所示为低、中等、高转动惯量的对接焊缝截面形状。

(2) 起始转速。对于每一种材料组合，都有与之相应的获得最佳焊缝的起始转速。起始转速具体反映在工件的线速度上，对钢-钢焊件，推荐的速度范围为 2.5～7.6 m/s。低速(<1.5 m/s)焊接时，中心加热偏低，飞边粗大且不齐，焊缝呈漏斗状，见图8-4(b)；中速(1.5～4.6 m/s)焊接时，焊缝深度逐渐增加，边界逐渐均匀；高速(4.6～6.0 m/s)焊接时，焊缝边界均匀；如果速度大于 6 m/s 时，焊缝中心宽度大于其他部位。

(3) 轴向压力。轴向压力对焊缝深度和形貌的影响几乎与起始转速的影响相反。压力较低时，焊缝呈鼓形，中心处厚；压力过大时，接头中心处结合不良，且焊缝顶锻量大，焊缝呈细腰形，见图8.4(c)。

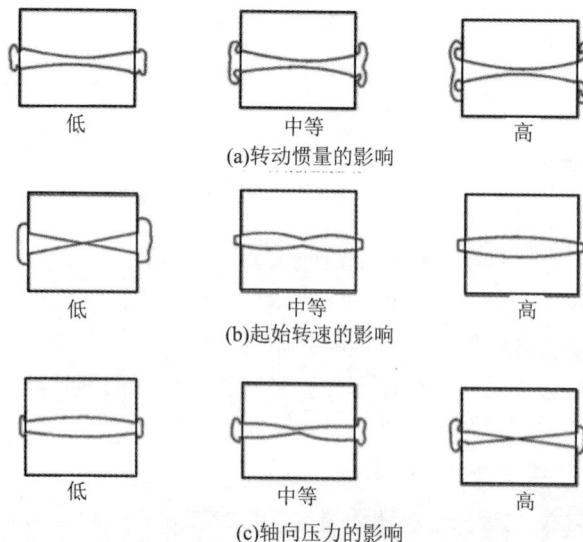

低　　　　　　　中等　　　　　　　高
(a)转动惯量的影响

低　　　　　　　中等　　　　　　　高
(b)起始转速的影响

低　　　　　　　中等　　　　　　　高
(c)轴向压力的影响

图8-4　工艺参数对摩擦焊接合面加热状态和飞边形状的影响

典型材料惯性摩擦焊的工艺参数见表8-3。

表 8-3　典型材料惯性摩擦焊的工艺参数

材料	转速/(r/min)	转动惯量/(kg·m²)	轴向压力/kN
20 钢	5730	0.23	69
45 钢	5530	0.29	83
合金钢	5530	0.27	76
不锈钢	3820	0.73	110
超高强钢	3820	0.73	138
纯钛	9550	1000	50
钛合金	25	0.06	18.6
铝合金	3060～7640	0.08～0.41	40～90
镍基合金	2300～3060	1.63～2.89	206.9
镁合金	3060～11500	0.03～0.41	51.7

2. 新型摩擦焊的简介

1) 线性摩擦焊

旋转式摩擦焊只限于把圆柱截面或管截面的焊件焊到相同类型的截面或板上。线性摩擦焊机则可以焊接方形、圆形、多边形截面的金属或塑料焊件以及不规则构件。线性摩擦焊的工作原理示意图如图 8-5 所示。

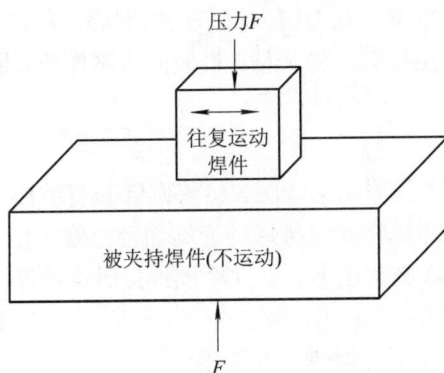

图 8-5　线性摩擦焊的工作原理示意图

线性摩擦焊过程中，摩擦副中一个焊件被往复机构驱动，相对于另一侧被夹紧的表面做相对运动。在垂直于往复运动方向的压力作用下，随摩擦运动的进行，摩擦表面被清理并产生摩擦热，摩擦表面的金属逐渐达到黏塑性状态并产生变形。当停止往复运动并施加顶锻力后，即可完成焊接。

2) 嵌入摩擦焊

嵌入摩擦焊是指利用摩擦焊原理把相对较硬的材料嵌入较软的材料中。图 8-6 为嵌入摩擦焊的工作原理示意图。工作时，两个焊件之间相对运动所产生的摩擦热使软材料产生局部塑性变形，高温塑性材料流入预先加工好的硬材料的凹区中。拘束肩迫使高温塑性材料紧紧包住硬材料的连接接头。当转动停止，焊件冷却后，即可形成可靠接头，并且两侧焊件相互嵌套形成机械连接。

3) 第三体摩擦焊

图 8-7 为第三体摩擦焊的工作原理示意图。低熔点的第三体在轴向压力和扭矩的作用下，在被连接部件之间的间隙中摩擦生热和塑性变形。相对摩擦运动可以产生足够的清理效果，因此不需要焊剂和可控保护气氛。冷却后，第三体材料固化，从而把两个部件锁定，形成可靠的接头。

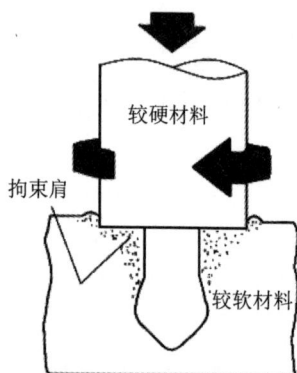

图 8-6　嵌入摩擦焊的工作原理示意图

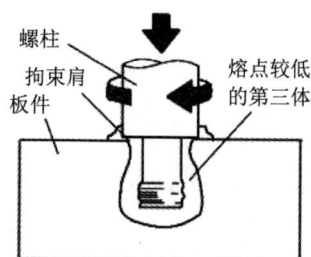

图 8-7　第三体摩擦焊的工作原理示意图

4) 相位控制摩擦焊

相位控制摩擦焊用于六方钢、八方钢、汽车操纵架等对相对位置有要求的工件的焊接。实际应用的相位控制摩擦焊主要有三种类型：机械同步摩擦焊、插销配合摩擦焊和同步驱动摩擦焊。

5) 径向摩擦焊

图 8-8 为径向摩擦焊的工作原理示意图。待焊圆管开有坡口，管内套有芯棒，然后装上带有斜面的圆环，焊接时圆环旋转并向待焊圆管施加径向摩擦压力 P，当摩擦加热过程结束时，圆环停止转动，并向圆环施加压力。径向摩擦焊接时，被焊圆管本身不转动，圆管内部不产生飞边。在石油和天然气输送管道的连接方面，径向摩擦焊具有广阔的应用前景；同时，在兵器行业中，能实现薄壁纯铜与钢弹体的连接。

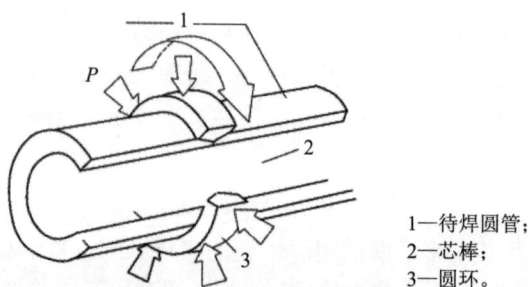

1—待焊圆管；
2—芯棒；
3—圆环。

图 8-8　径向摩擦焊的工作原理示意图

6) 摩擦堆焊

图 8-9 为摩擦堆焊的工作原理示意图。堆焊金属圆棒相对于堆焊件以转速 n_1 旋转，堆焊件(母材)也同时以转速 n_2 旋转，在压力 P 的作用下，圆棒和母材摩擦生热。由于母材体积大，冷却速度快，所以堆焊金属过渡到母材上形成堆焊焊缝。

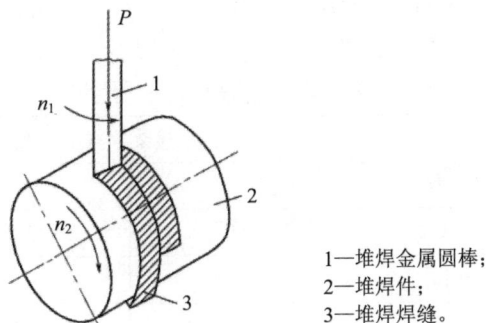

1—堆焊金属圆棒；
2—堆焊件；
3—堆焊焊缝。

图 8-9　摩擦堆焊的工作原理示意图

摩擦堆焊适用于异种材料的连接，特别是摩擦焊焊缝金属具有晶格畸变程度高、晶粒细化、强韧性能好等优点，故适用于进行表面堆焊。

7) 超塑性摩擦焊

超塑性摩擦焊是按焊接工艺特点进行分类的，是通过控制措施，使焊合区在焊接过程中处于超塑性状态的摩擦焊。优点是可避免高温下形成硬脆的金属间化合物以及保持被焊材质的热处理状态。超塑性摩擦焊适用于异种难焊金属的连接，也可用于特种金属的有效连接。

8) 搅拌摩擦焊

搅拌摩擦焊是一种新型的摩擦焊工艺，其焊接过程主要由搅拌头完成，搅拌头由特型指棒、夹持器和圆柱体组成。焊接开始时，搅拌头高速旋转，特型指棒迅速钻入被焊板的焊缝，与特型指棒接触的金属摩擦生热形成了很薄的热塑性层。当特型指棒钻入工件表面以下时，有部分金属被挤出表面。由于正面轴肩和背面垫板的密封作用，一方面，轴肩与被焊板表面摩擦，产生辅助热；另一方面，搅拌头和工件相对运动时，在搅拌头前面不断形成的热塑性金属转移到搅拌头后面，填满后面的空腔。

8.2　摩擦焊操作指导

8.2.1　摩擦焊接头设计及表面处理

1. 摩擦焊接头形式设计

虽然摩擦焊的工艺有多种形式，但是在生产领域中应用较为广泛的仍是旋转式摩擦焊。在摩擦焊过程中，在轴向压力的作用下，焊件会产生轴向缩短，在焊合处产生飞边，因此在准备毛坯时轴向尺寸需留有余量。惯性摩擦焊时，轴向缩短量可用下式估计：

$$L = L_0 + KD$$

式中：L——轴向缩短量(mm)；

L_0——轴向参数(mm)；

K——根据实验测得的比例系数，仅与接头形式有关；

D——圆棒外径或管子壁厚(mm)。

采用上述公式计算的误差在±10%，公式中的估算参数见表 8-4。

表 8-4 轴向缩短量的估算参数

估算参数	接头形式			
	棒-棒	棒-管	管-管	管-板
L_0/mm	1.3	0.9	3.8	2.5
K	0.1	0.067	0.2	0.133
D	外径	棒件外径	壁厚	管子壁厚

设计摩擦焊接头形式时，需要注意：

(1) 旋转式摩擦焊的焊件中至少有一个是圆形截面的。为了夹持方便、牢固，保证焊接过程不失稳，应尽量避免设计薄管、薄板接头。一般倾斜接头应与中心线呈 30°～45° 的斜面。采用中心部位突起的接头，可有效地避免中心未焊合，如图 8-10 所示，图中 A 表示接头中心突起直径，D 表示接头整体直径。

(2) 对于锻压温度或导热率相差较大的材料，为了使两个零件的锻压和顶锻相对平衡，应调整截面的相对尺寸。对于大截面的接头，为了降低摩擦加热时的扭矩和功率峰值，可以采用端面侧角，使焊接时接触面积逐渐增加。

(3) 对于棒-棒和棒-板接头，当中心部位材料被挤出并形成飞边时要消耗更多的能量，而焊缝中心部位对扭矩和弯曲应力的承担又很少，所以，如果工作条件允许，可将一个或两个零件加工成具有中心孔洞的形式，这样既可用较小功率的焊机，又可提高生产率。

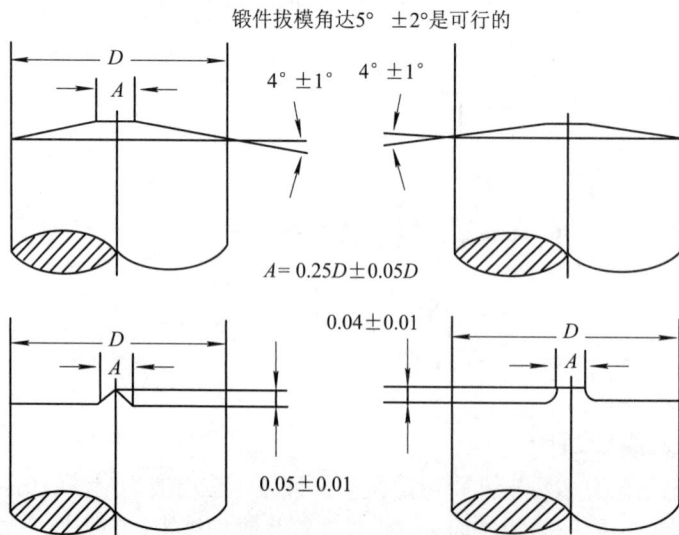

图 8-10 接头中心部位突起设计的标准

(4) 摩擦焊应避免渗碳、渗氮等。为了防止轴向力引起的滑退，通常在工件后面设置挡块。工件伸出夹头外的尺寸要恰当，被焊工件应尽可能有相同的伸出长度。如果要限制飞边流出(如不能切除飞边或不允许飞边暴露时)，则应预留飞边槽。

摩擦焊接头的基本形式如表 8-5 所示。

表 8-5　摩擦焊接头的基本形式

接头形式	简图	接头形式	简图
棒-棒		管-板	
管-管		管-管-板	
棒-管		棒-管-板	
棒-板		矩形多边形-棒或板	

2. 表面处理流程

(1) 焊件的摩擦端面应平整，中心部位不能有凹面或中心孔，以防止焊缝中包藏空气和氧化物。但切断刀留下的中心凸台则无害，有助于中心部位加热。

(2) 端面不垂直度一般不超过直径的 1%，过大会产生影响不同轴度的径向力。

(3) 当接合面上有较厚的氧化层、镀铬层、渗碳层或渗氮层时，不易加热或常被挤出，焊前应进行清除。

(4) 摩擦焊对焊件接合面的粗糙度、清洁度要求并不严格，如果能加大焊接缩短量，则气割、冲剪、砂轮磨削、锯断的表面均可直接采用。

8.2.2　摩擦焊接头缺陷分析

1. 摩擦焊接头缺陷及其产生的原因

当异种金属的焊接性已确定时，摩擦焊的质量就取决于焊接参数的合理选择以及焊接工艺过程的参数控制。同种钢和异种钢摩擦焊接头的主要缺陷及其产生原因见表 8-6。

2. 摩擦焊工艺参数控制

当材质、接头形式和工艺参数确定后，摩擦焊质量主要取决于焊件毛坯的准备、装夹与对中、焊机的调整以及工艺参数的控制。连续驱动摩擦焊的工艺参数控制方法主要有时间控制、功率峰值控制、变形量控制、温度控制、变参数复合控制、MT 控制 6 种。

表 8-6　摩擦焊接头的主要缺陷及其产生的原因

缺　陷	产　生　原　因
接头偏心	焊机刚度低；夹具偏心；工件端面倾斜或在夹头外伸出量太长
飞边不封闭	转速高；摩擦压力太大或太小；摩擦时间太长或太短，以致顶锻焊接前，接头中变形层和高温区太窄；停车慢
未焊透	焊前摩擦表面清理不良；转速低；摩擦压力太大或太小；摩擦时间短；顶锻压力小
接头组织扭曲	速度低；压力大，停车慢
接头过热	速度高；压力小；摩擦时间长
接头淬硬	焊接淬火钢时，摩擦时间短，冷却速度快
焊接裂缝	焊接淬火钢时，摩擦时间短，冷却速度快
脆性合金层	焊接产生脆性合金化合物的异种金属时，加热温度高；摩擦时间长；压力小
氧化灰斑	焊前工件清理不良；焊机振动；压力小；摩擦时间短；顶锻焊接前，接头中的变形层和高温区窄

8.2.3　摩擦焊安全与防护

摩擦焊安全与防护要求如下：

(1) 操作者在操作前必须仔细阅读和理解设备使用说明书，并牢记说明书中的警告和提示。

(2) 操作者在操作前必须检查各操作、控制系统(系统旋钮、仪表、压力显示、计数器)是否正常。若有异常，则不能开始使用，必须查找并排除异常现象后方可开机使用。

(3) 禁止操作者身体的任何部位与设备的旋转部位、夹紧系统接触。

(4) 操作者应在每次开机后，检查急停按钮是否能正常使用，以便急停操作时安全停机。

(5) 在该设备正常工作时，旋转夹具、移动夹具必须将工件可靠夹紧后方可进行焊接。

(6) 正确使用劳保用品。

(7) 操作设备时必须注意力集中，不得与他人交谈或离开设备，操作者关机后方可离开设备。

(8) 设备操作者必须经过专业培训，并能独立操作。

8.2.4　摩擦焊设备操作流程

摩擦焊设备操作流程如下：

(1) 开机前，按设备滑油图表，检查油标位或注油点，并且将工件安装在夹具中。之后打开总电源开关，启动滑油泵液压电机，再次确认夹具中工件安装牢固，然后把 PLC 打开。按照操作说明书检查相应压力，确定旋转夹具压力、离合制动压力、液压泵压力、滑油压力。

(2) 把焊机状态打开到调整状态，夹紧旋转夹具，启动主电机，然后将主轴电机与夹具离合断开，旋转主轴电机一定时间，确定正常后关掉主电机。

(3) 设备检查完成后再按照工艺参数依次在控制台上输入摩擦压力、顶锻压力、摩擦时间、顶锻时间，然后调节工件之间的距离，确保移动夹由快进转为工进的瞬间，工件之间的距离控制在 10～20 mm。

(4) 焊机状态调整为焊接状态后，模拟几次焊接过程，以确保焊接过程能够正常进行。之后打开主电机电源，按下焊接按钮，再次确认夹具夹紧后，合上防护门，监控焊接过程，发生意外状况时可按下急停按钮。

(5) 焊接完成后，先关主电机电源，确定旋转夹具中有焊件，然后把状态转换到调整，避免损坏夹具，之后再依次关闭 PLC、液压泵电源、滑油泵电源，关闭电源锁取下钥匙，最后关闭总电源。

第9章　激　光　焊

激光焊是利用高能量密度的激光束作为热源进行焊接的一种高效精密的焊接方法。激光焊利用辐射激发光放大原理产生一种单色、方向性强、光亮度大的光束，该光束经聚焦后可获得极高的能量密度，它与被焊工件相互作用，可使金属发生蒸发、熔化、熔合、凝固而形成焊缝。

9.1　激光焊基础知识

1. 激光焊的特点

与一般焊接方法相比，激光焊具有以下特点。

1) 激光焊的优点

(1) 热量集中，热影响区小，焊接变形和残余应力小。

(2) 焊接温度高，可以焊接难熔金属，甚至可以焊接陶瓷。在其他非金属材料(如有机玻璃等)焊接中也得到了很好的应用。

(3) 可以一机多用，即一台激光器可供多个工位、不同的加工方法使用。激光焊不产生有害的 X 光射线，且激光束不受电磁场的影响，这比电子束焊优越。

(4) 能对难以接近的部位进行焊接，可透过玻璃或其他透明物体进行焊接。

2) 激光焊的缺点

(1) 激光器特别是高功率连续激光器，价格昂贵(目前工业用激光器的最大功率为 20 kW，可焊接的最大厚度为 20 mm)。

(2) 对焊件加工、组装、定位要求均很高。

(3) 激光焊难以焊接反射率较高的金属。

(4) 激光器的电光转换及整体运行效率都很低。

2. 激光焊的分类和应用

激光焊按激光发生器输出功率的高低可分为低功率(<1 kW)、中功率(1.5～10 kW)、高功率(>10 kW)激光焊三种；按激光发生器工作性质的不同可分为固体、半导体、液体和气体激光焊四种；按输出激光波形的不同可分为脉冲激光焊和连续激光焊两种。

脉冲激光焊能够焊接铜、镍、铁、锆、钽、铝、钛、铌等金属及其合金，主要用于微型件、精密元件和微电子元件的焊接。低功率脉冲激光焊常用于直径在 0.5 mm 以下的金属丝与丝(或薄板)之间的焊接。

连续激光焊除铜、铝合金难以焊接外，其他金属与合金都能焊接。连续激光焊主要用于厚板深熔焊。对接、搭接、端接、角接均可采用连续激光焊。

激光焊在各行业中的应用实例见表9-1。

表9-1 激光焊在各行业中的应用实例

应用领域	应 用 实 例
航空	发动机壳体、机翼隔架、膜盒等
电子仪表	集成电路内引线、显像管电子枪、全钽电容、调速管、仪表游丝等
机械	精密弹簧、针式打印机零件、金属薄壁波纹管、热电偶、电液伺服阀等
钢铁冶金	焊接厚度 0.2～8mm、宽度 0.5～1.8mm 的硅钢片，焊接高、中、低碳钢和不锈钢，焊接速度为 100～1000 cm/min
汽车	汽车底架、传动装置、齿轮、点火器中轴与拨板组合件等
医疗	心脏起搏器以及心脏起搏器所用的锂碘电池等
食品	食品罐(用激光焊代替传统的锡焊或接触高频焊，具有无毒、焊速快、节省材料以及接头美观、性能优良等特点)
其他	燃气轮机、换热器、干电池锌筒外壳、核反应堆零件等

3. 激光焊的材料焊接性

(1) 激光焊的焊缝形成特点。对激光焊熔池的研究发现，熔池有周期性的变化，主要原因是激光与物质作用过程中的自振荡效应。熔池的周期性变化会使得焊缝中产生特有的、充满金属蒸气的小孔并发生周期性的变化，同时熔化的金属又在小孔的周围从前沿向后沿流动，加上金属蒸发造成的扰动，可能使蒸气留在焊缝中，凝固之后形成气孔。

(2) 金属材料的激光焊接性。激光焊具有一些其他焊接方法所不能比拟的性能，即接头良好的抗热裂能力和抗冷裂能力。

① 抗热裂能力。激光焊与钨极氩弧焊(TIG 焊)相比，焊接低合金高强度钢时，热裂纹敏感性较低。激光焊虽然有较高的焊接速度，但其热裂纹敏感性却低于 TIG 焊。这是因为激光焊焊缝组织晶粒较细，可有效地防止热裂纹的产生。但如果焊接参数选择不当，也会产生热裂纹，热裂纹产生的同时还会促使冷裂纹形成和扩展。

② 抗冷裂能力。冷裂纹的评定指标是 24 h 内在焊缝中心不产生裂纹所能施加的最大应力，即临界应力。对于低合金高强度钢，激光焊的临界应力大于 TIG 焊，即激光焊的抗冷裂能力大于 TIG 焊。焊接低碳钢时，两种焊接方法的临界应力几乎相同。焊接含碳量较高的35 钢(35 钢的原始组织是珠光体)时，激光焊与 TIG 焊相比，有较大的冷裂纹敏感性。这是因为 TIG 焊的焊接速度慢，热输入大，冷却过程中奥氏体发生高温转变，其焊缝和热影响区的组织大都为珠光体；而激光焊的冷却速度较快，焊缝和热影响区是典型的奥氏体低温转变产物马氏体。因为含碳量高，故所形成的马氏体有很高的硬度(650 HV)，具有较高的组织转变应力，冷裂纹敏感性高。

(3) 残余应力及变形。由于激光焊加热区域小，拉伸塑性变形区小，因此其最大残余压应力比 TIG 焊减小 40%～70%，这对于薄板的焊接很重要。因为用 TIG 焊焊接薄板时，常常因残余应力的存在而发生波浪变形，而且这种变形很难消除。但用激光焊焊接薄板时，变形大大减小，一般不会产生波浪变形。

(4) 冲击韧性。经研究发现，激光焊焊接接头的冲击吸收功大于母材金属的冲击吸收功。激光焊焊接接头的冲击吸收功提高的主要原因之一是焊缝金属的净化效应。钢铁材料(以碳钢为例)激光焊焊接接头的冲击吸收功见表 9-2。

表 9-2　碳钢激光焊焊接接头的冲击吸收功

激光功率/kW	焊接速度/(cm/s)	试验温度/℃	冲击吸收功/J	
			焊接接头	母材
5.0	1.90	−1.1	52.9	35.8
5.0	1.90	23.9	52.9	36.6
5.0	1.48	23.9	38.4	32.5
5.0	0.85	23.9	36.6	33.9

4. 激光焊设备

激光焊设备按激光工作物质的不同，分为固体激光焊设备和气体激光焊设备；按激光器工作方式的不同，分为连续激光焊设备和脉冲激光焊设备。激光器是激光焊设备的核心部分。不同类型激光器的性能特征如表 9-3 所示。

表 9-3　不同类型激光器的性能特征

激光器	波长/μm	工作方式	重复频率/Hz	输出	应用范围
红宝石激光器(固)	0.69	脉冲	0～1	1～100J	点焊、打孔
钕玻璃激光器(固)	1.06	脉冲	0～10	1～100J	点焊、打孔
YAG 激光器(固)	1.06	脉冲	0～400	1～100J	点焊、打孔
		连续		0～2 kW	焊接、切割、表面处理
封闭式 CO_2 激光器(气)	10.6	连续	—	0～1 kW	焊接、切割、表面处理
横流式 CO_2 激光器(气)	10.6	连续	—	0～25 kW	焊接、表面处理
快速轴流式 CO_2 激光器(气)	10.6	脉冲	0～5000	0～6 kW	焊接、切割
		连续			

无论哪一种激光焊设备，其基本组成大致相似，一般由光学系统、控制系统、运动系统、激光电源及冷却系统组成。

(1) 光学系统。光学系统是激光焊设备的核心部分，由激光器、谐振腔、基准光定位系统、扩束系统和聚焦系统组成。激光输出的好坏直接影响到激光焊的加工效果。

① 激光器。激光焊设备中的激光器一般由激光金属腔、激光器泵浦源和激光晶体组成。其中：激光金属腔为上下分体式全腔水冷式结构，采用全镀金面反射瓦块，光学反射率高，有助于激光反射集中，输出光束能量强；激光器泵浦源为强亮度高压氩灯，脉冲式出光激励

激光晶体产生激光，使用寿命长；激光晶体为激光器工作物质。

② 谐振腔。激光焊设备中的谐振腔指的是全反膜片镜架和半反膜片镜架之间的组成区域，当然，其中包含激光腔体。谐振腔是产生激光不可或缺的重要部分。通常谐振腔的长度直接影响激光输出的光束质量及功率能量的大小。对于激光焊设备而言，谐振腔的最佳长度一般不小于激光腔体长度的 4 倍。

③ 基准光定位系统。基准光是激光光路调试及加工应用当中的重要部分。激光焊设备中一般采用波长为 635～650 nm 的红光点状激光器作为光学基准定位。此激光器定位精准，且输出功率小，光束集中不易发散，将其作为激光焊设备整体光路调整及加工的指示定位光，实际应用效果极佳。

④ 扩束系统。激光焊设备中的扩束系统采用的是 2.5 倍的光学扩束镜。扩束镜通过将主光路输出的激光束进行准直、扩束后，可将原有的输出激光光斑扩大至原来的 2.5 倍，使光束模式更好，能量更为集中。准直之后的激光束经过聚焦后可得到能量更为集中的精细光斑。

⑤ 聚焦系统。激光焊设备中的聚焦系统由 45° 导光反射镜、聚焦镜片、调焦输出筒和吹气组件组成。经过准直扩束后的激光束先经过 45° 导光反射镜被折射到加工平台，再由聚焦镜片聚焦到能量更为集中的状态进行焊接加工。调焦输出筒和吹气组件在实际焊接应用中起焦距调整和辅助气体保护的作用。

(2) 控制系统。控制系统是激光焊设备的重要部分，由控制器模块、控制电路、功能控制面板等组成。此系统完成激光焊设备的逻辑功能控制、电气控制及电器电压输出、执行程序编辑、自动加工应用等功能。

(3) 运动系统。运动系统和控制电路组成激光焊设备整体执行运控部分。运动系统由步进电机、电机驱动器、二维直线导轨式工作平台组成。运动系统调试是否稳定，电机运动参数是否匹配，直接影响实际激光加工应用中的加工效果。

(4) 激光电源。激光电源是激光焊设备的核心部分，由一层主控电源、两层供电电源和电源控制设置面板组成。激光电源部分通过设置内部电流、脉宽和频率的参数匹配，达到对激光输出效果的控制。

(5) 冷却系统。冷却系统是激光焊设备运行的基本保障，一般由内循环水路系统和外部水冷机组组成。内循环水路系统起过滤激光焊设备水路循环杂质、净化水质、平衡温度、保护水路系统等作用；外部水冷机组通过压缩机运行降低激光焊设备的内部水温。

9.2　激光焊操作指导

9.2.1　脉冲激光焊的焊接工艺设计

脉冲激光焊适用于 0.5 mm 以下薄板和细丝的定位焊，尤其特别适合微米级的细丝和薄板的定位焊，最细可焊直径为 0.02～0.2 μm 的金、银、铝、铜丝。

1. 脉冲激光焊的接头形式设计

脉冲激光焊的典型接头形式如图 9-1 所示，图中箭头表示激光束。

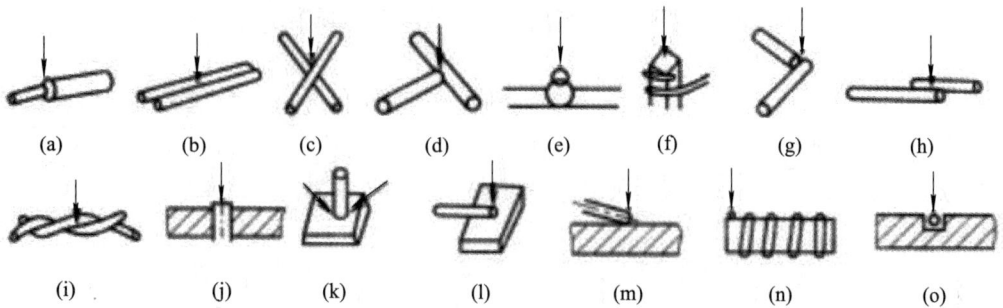

| (a) | (b) | (c) | (d) | (e) | (f) | (g) | (h) |

| (i) | (j) | (k) | (l) | (m) | (n) | (o) |

图 9-1　脉冲激光焊的典型接头形式

2. 脉冲激光焊的工艺参数

脉冲激光焊有四个主要的焊接工艺参数：脉冲能量、脉冲宽度、功率密度和离焦量。

1) 脉冲能量和脉冲宽度

脉冲激光焊时，脉冲能量决定了加热能量的大小，它主要影响金属的熔化量。脉冲宽度决定了焊接时的加热时间，它影响熔深及热影响区大小。当脉冲能量一定时，对于不同的材料，各存在一个最佳脉冲宽度，此时焊接熔深最大。图 9-2 所示为脉冲宽度对各种材料熔深的影响。脉冲加宽，熔深逐渐增加，当脉冲宽度超过某一临界值时，熔深开始下降。对于每种材料，都有一个可使熔深达到最大的最佳脉冲宽度。钢的最佳脉冲宽度为 $(5\sim8)\times10^{-3}$s，铝的最佳脉冲宽度为 $(0.5\sim2)\times10^{-2}$s。

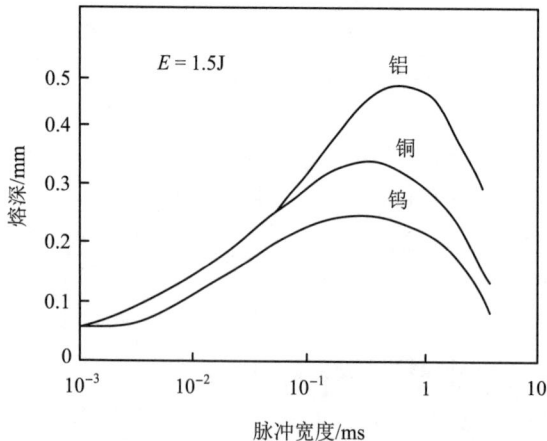

图 9-2　脉冲宽度对熔深的影响

脉冲能量主要取决于材料的热物理性能，特别是热导率和熔点。导热性好、熔点低的金属易获得较大的熔深。脉冲能量和脉冲宽度在焊接时有一定的关系，随着材料厚度与性质的不同而变化。焊接时，激光的平均功率 P 由下式决定：

$$P = E/\tau$$

式中：P 为激光的平均功率(W)；E 为激光脉冲的能量(J)；τ 为脉冲宽度(s)。

因此，为了维持功率稳定，随着脉冲能量的增加，脉冲宽度必须相应增加，才能得到较好的焊接质量。同时，焊接时所采用的接头形式也会影响焊接的效果。

2) 功率密度

激光焊时功率密度由以下公式算得：

$$P_d = 4E/\pi d^2\tau$$

式中：P_d 为激光斑点上的功率密度(W/cm^2)；E 为激光脉冲的能量(J)；d 为光斑直径(cm)；τ 为脉冲宽度(s)。

图 9-3 为不同厚度材料激光点焊所需的脉冲能量和脉冲宽度。从图 9-3 可以看出，脉冲能量和脉冲宽度呈线性关系。同时表明，随着焊件厚度的增加，激光功率密度相应增大。

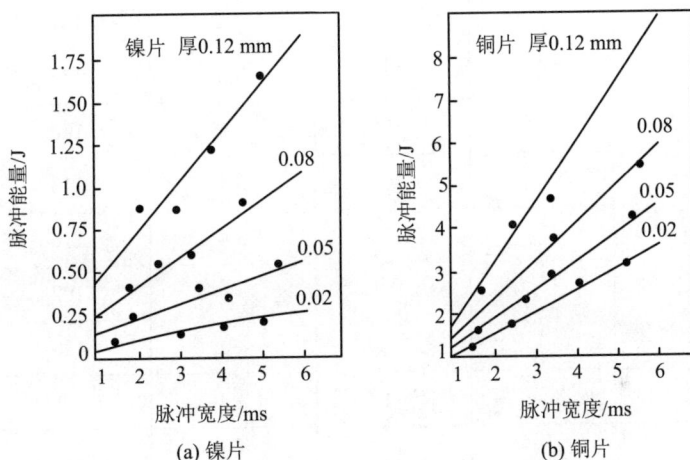

图 9-3　镍片及铜片焊接脉冲能量与脉冲宽度的关系

3) 离焦量

离焦量 F 是指焊接时焊件表面离聚焦激光束最小斑点的距离(又称为入焦量)。激光束通过透镜聚焦后，有一个最小光斑直径，如果焊件表面与之重合，则 $F = 0$；如果焊件表面在它下面，则 $F > 0$，称为正离焦量；反之，$F < 0$，称为负离焦量。改变离焦量，可以改变激光加热斑点的大小和光束的入射状况。焊接较厚板时，采用适当的负离焦量可以获得较大熔深。但离焦量太大会导致光斑直径变大，从而降低了光斑上的功率密度，使熔深减小。

在使用脉冲激光焊时，通常把反射率低、热导率大、厚度较小的金属选为上片(即焊接过程中被焊接工件的上层材料)。细丝与薄膜焊接前可先在丝端熔结直径为 2～3 倍丝径的球，以增大接触面和便于激光束对准。脉冲激光焊也可用于薄板焊缝。

3. 脉冲激光焊的典型工艺参数设计

以丝与丝脉冲激光焊为例，讨论脉冲激光焊工艺参数设计。丝与丝脉冲激光焊的焊接参数见表 9-4。

表 9-4　丝与丝脉冲激光焊的焊接参数

材料	直径/mm	接头形式	工艺参数		接头性能	
			输出能量/J	脉冲宽度/ms	最大载荷/N	电阻/Ω
不锈钢	0.33	对接	8	3.0	97	0.003
		重叠	8	3.0	103	0.003
		十字	8	3.0	113	0.003
		T 形	8	3.0	106	0.003
	0.79	对接	10	3.4	145	0.002
		重叠	10	3.4	157	0.002
		十字	10	3.4	181	0.002
		T 形	11	3.6	182	0.002
	0.38 与 0.79	对接	10	3.4	106	0.002
		重叠	10	3.4	113	0.003
		十字	10	3.4	116	0.003
		T 形	11	3.6	102	0.003
					120	0.001
	0.79 与 0.40	T 形	11	3.6	89	0.001
铜	0.38	对接	10	3.4	23	0.001
		重叠	10	3.4	23	0.001
		十字	10	3.4	19	0.001
		T 形	11	3.6	14	0.001
镍	0.51	对接	10	3.4	55	0.001
		重叠	7	2.8	35	0.001
		十字	9	3.2	30	0.001
		T 形	11	3.6	57	0.001

9.2.2　连续激光焊的焊接工艺设计

1. 连续激光焊的接头装配尺寸设计

1) 连续激光焊的接头形式设计

在连续激光焊时，用得最多的是对接接头。常见的 CO_2 连续激光焊的接头形式见图 9-4。

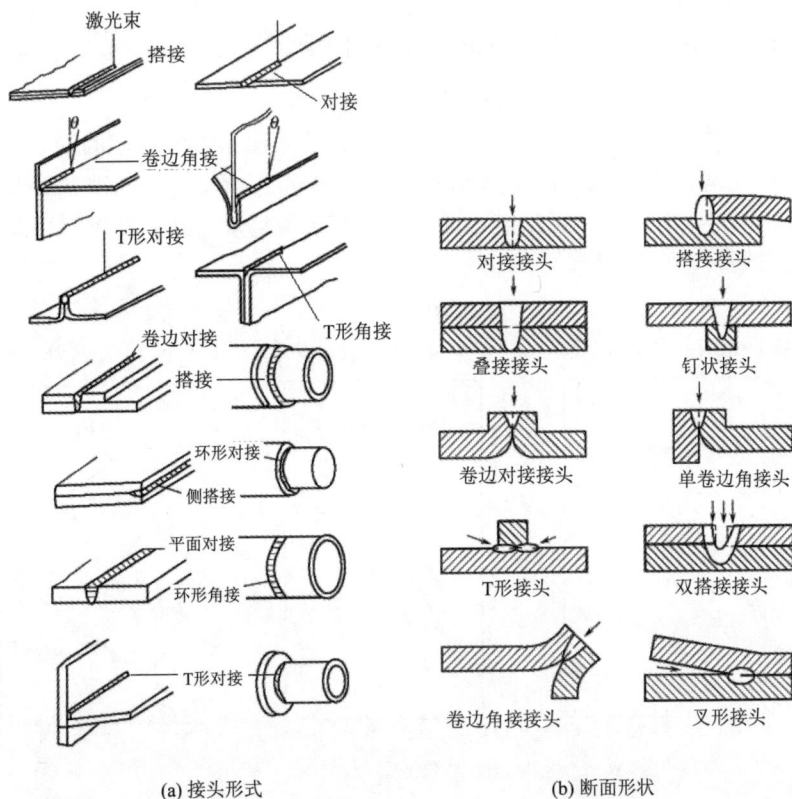

图 9-4 常见的 CO_2 连续激光焊的接头形式

2) 装配尺寸的设计

在进行激光焊前，必须根据焊件的厚度，设计合适的装备间隙。CO_2 连续激光焊接头的装配要求见表 9-5。

表 9-5 CO_2 连续激光焊接头的装配要求

接头形式	允许最大间隙	允许最大上下存边量
对接接头	$0.10 \times \delta$	$0.25 \times \delta$
角接接头	$0.10 \times \delta$	$0.25 \times \delta$
T 形接头	$0.25 \times \delta$	—
搭接接头	$0.25 \times \delta$	—
卷边接头	$0.10 \times \delta$	$0.25 \times \delta$

注：δ 为焊件厚度(单位：mm)。

3) 接头填充金属的选择

尽管激光焊适用于自熔焊，但在一些应用场合仍需添加填充金属。添加填充金属的优点是能改变焊缝的化学成分，从而达到控制焊缝组织、改善接头力学性能的目的。在有些情况下，还能提高焊缝抗结晶裂纹敏感性。填充金属常常以焊丝的形式加入，可以是冷态，也可以是热态。填充金属的施加量不能过大，以免破坏小孔效应。

2. 连续激光焊的工艺参数

连续激光焊的焊接工艺参数包括激光功率、焊接速度、光斑直径、离焦量和保护气体等。

1) 激光功率

激光功率是指激光器的输出功率，没有考虑导光和聚焦系统所引起的损失。连续工作的低功率激光器可在薄板上以低速产生普通的有限传热焊缝。激光焊熔深与激光功率密切相关。若光斑直径一定，则焊接熔深随着激光功率的增加而增加。激光功率对熔深的影响如图9-5所示。根据试验得到如下经验公式(速度一定)：

$$h \propto P^k$$

式中：h 为熔深(mm)；P 为激光功率(W)；k 为常数，$k < 1$，典型试验值为 0.7 和 1。

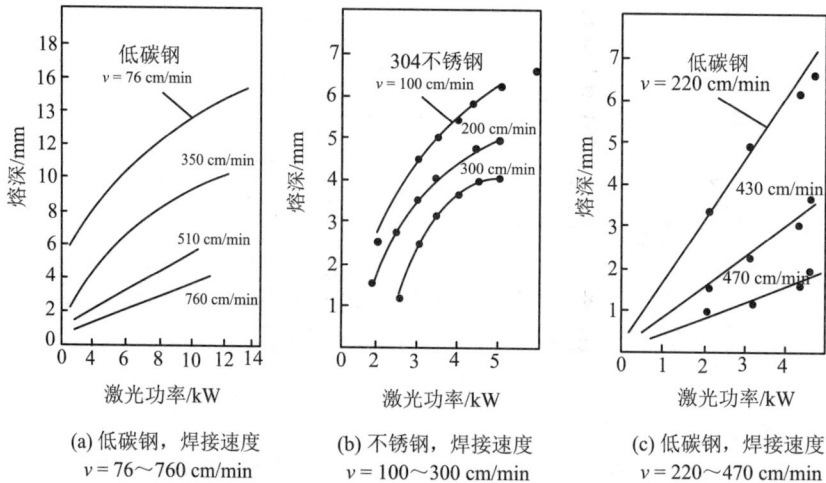

(a) 低碳钢，焊接速度　　　　(b) 不锈钢，焊接速度　　　　(c) 低碳钢，焊接速度
$v = 76 \sim 760$ cm/min　　　$v = 100 \sim 300$ cm/min　　　$v = 220 \sim 470$ cm/min

图 9-5　激光功率与熔深的关系

2) 焊接速度

在一定激光功率下，提高焊接速度，则热输入下降，焊缝熔深减小；适当降低焊接速度可加大熔深，但若焊接速度过低，熔深却不会再增加，从而使熔宽增大。激光焊的焊接速度对碳钢熔深的影响如图9-6所示。不同焊接速度下所得到的熔深如图9-7所示。

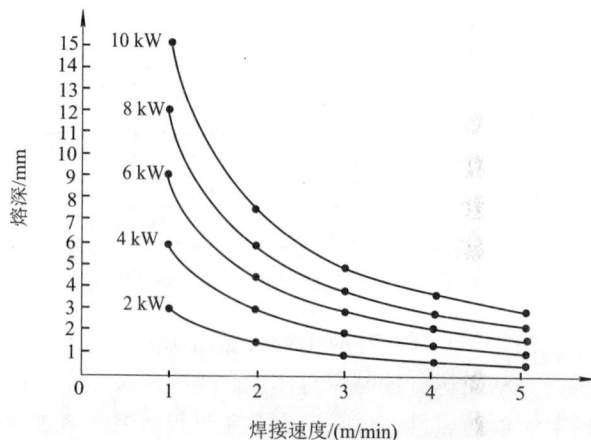

图 9-6　激光焊的焊接速度对碳钢熔深的影响

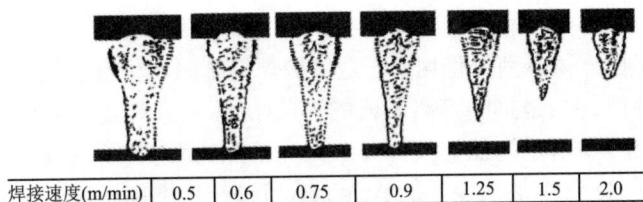

焊接速度(m/min)	0.5	0.6	0.75	0.9	1.25	1.5	2.0

图 9-7 不同焊接速度下所得到的熔深($P = 8.7$kW，板厚 12 mm)

3) 光斑直径

光斑直径 d 直接影响光斑点的能量密度。根据光的衍射理论，聚焦后最小光斑直径 d_0 可以通过下式计算：

$$d_0 = 2.44 \times (3m + 1) f\lambda/D$$

式中：d_0 为最小光斑直径(mm)；f 为透镜的焦距(mm)；λ 为激光波长(mm)；D 为聚焦前光束直径(mm)；m 为激光振动模的阶数。

提高功率密度的方法有两种：一是提高激光功率 P，它和功率密度呈正比；二是减小光斑直径，功率密度与直径的平方呈反比关系。因此，减小光斑直径比增加功率的效果更明显。可以通过使用短焦距透镜和降低激光振动模的阶数来减小 d_0，低阶模聚焦后可以获得更小的光斑。

4) 离焦量

图 9-8 为离焦量对焊缝熔深、熔宽和横截面积的影响示意图。其中，Δf 为离焦量，表示工件表面与激光焦点间的距离，工件表面在焦点以内时为负离焦($\Delta f < 0$)，反之为正离焦($\Delta f > 0$)；f 表示透镜的焦距；A_x 表示离焦量 Δf 与焦距 f 的比值。由图中曲线可知，离焦量绝对值减小到某一值后，熔深突变，即为产生穿透小孔建立了必要条件。激光深熔焊时，熔深最大时的焦点位置位于焊件表面下方某处，此时焊缝成形最好。通过调节离焦量可以在光束的某一截面选择一光斑直径使其能量密度适合焊接。

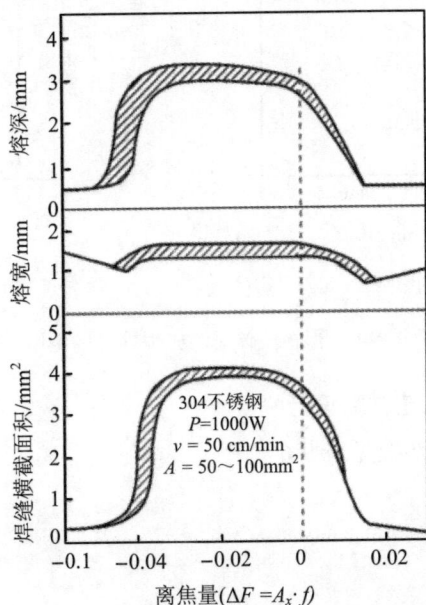

图 9-8 离焦量对焊缝熔深、熔宽和横截面积的影响

5) 保护气体

激光焊时采用保护气体有两个作用：一是保护焊缝金属不受有害气体的侵袭，防止氧化污染，提高接头的性能；二是抑制等离子云的形成(等离子云对激光束起阻隔作用，影响激光束被焊件吸收)。图 9-9 所示为保护气体对激光焊熔深的影响。可见 He 气具有最好的抑制等离子云的效果，在 He 气中加入少量的 Ar 或 O_2 可进一步提高熔深。气体流量对熔深也有一定的影响，熔深随气体流量的增加而增大，但过大的气体流量会造成熔池表面下陷，严重时还会产生烧穿现象。

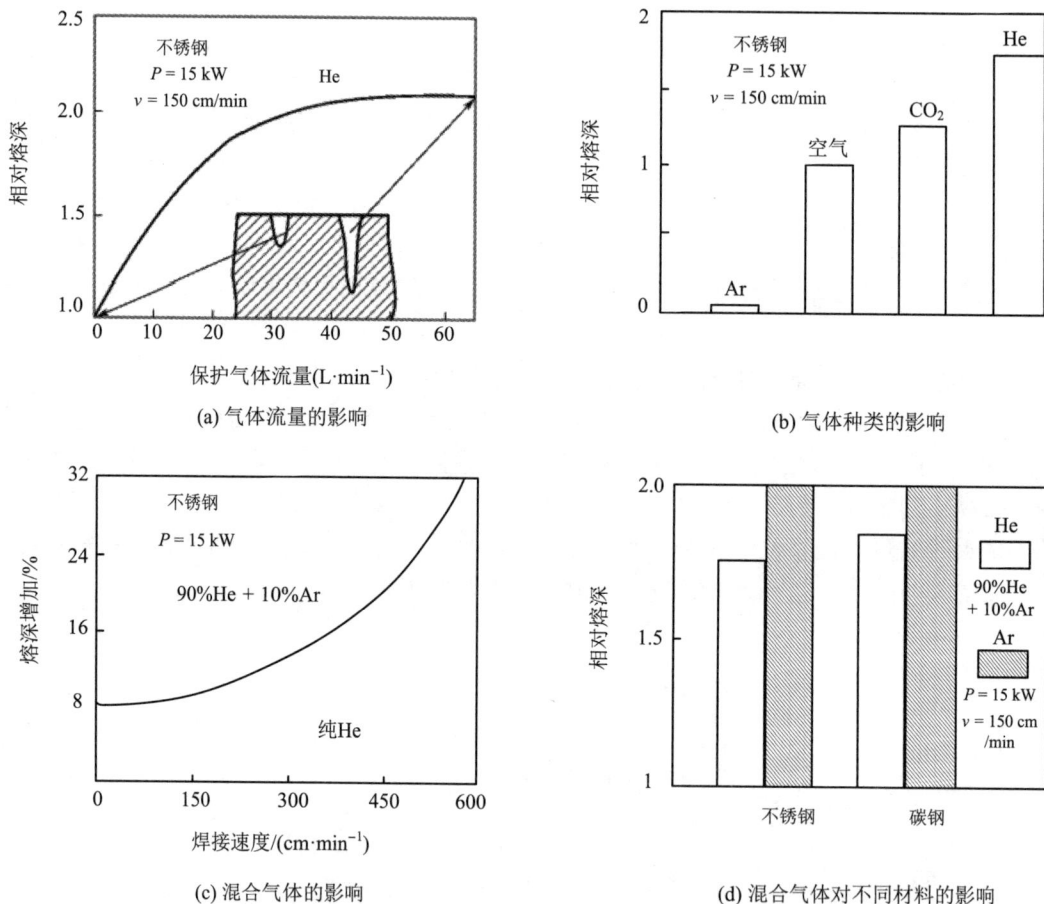

(a) 气体流量的影响

(b) 气体种类的影响

(c) 混合气体的影响

(d) 混合气体对不同材料的影响

图 9-9　保护气体对激光焊熔深的影响

3. 连续激光焊的典型工艺参数设计

连续激光焊的典型焊接参数见表 9-6。

表 9-6　连续激光焊的典型焊接参数

材料	厚度/mm	焊速/(cm/s)	缝宽/mm	深宽比	功率/kW
对接焊缝					
S32168 不锈钢	0.13	3.81	0.45	全焊透	5
	0.25	1.48	0.71	全焊透	5
	0.42	0.47	0.76	部分焊透	5
17-7 不锈钢	0.13	4.65	0.45	全焊透	5
S30210 不锈钢	0.13	2.12	0.50	全焊透	5
	0.20	1.27	0.50	全焊透	5
	0.25	0.42	1.00	全焊透	5
	6.35	2.14	0.70	7	3.5
	8.9	1.27	1.00	3	8
	12.7	0.42	1.00	5	20
	20.3	21.1	1.00	5	20
	6.35	8.47	—	6.5	16
因康镍 600 合金	0.10	6.35	0.25	全焊透	5
	0.25	1.69	0.45	全焊透	5
镍合金 200	0.13	1.48	0.45	全焊透	5
蒙乃尔 400 合金	0.25	0.60	0.60	全焊透	5
工业纯钛	0.13	5.92	0.38	全焊透	5
	0.25	2.12	0.55	全焊透	5
低碳钢	1.19	0.32	—	0.63	0.65
搭接焊缝					
镀锡钢	0.30	0.85	0.76	全焊透	5
S30210 不锈钢	0.40	7.45	0.76	部分焊透	5
	0.76	1.27	0.60	部分焊透	5
	0.25	0.60	0.60	全焊透	5

材料	厚度/mm	焊速/(cm/s)	缝宽/mm	深宽比	功率/kW
角焊缝					
S32168 不锈钢	0.25	0.85	—	—	5
端接焊缝					
S32168 不锈钢	0.13	3.60	—	—	5
	0.25	1.06	—	—	5
	0.42	0.60	—	—	5
17-7 不锈钢	0.13	1.90	—	—	5
因康镍 600 合金	0.10	3.60	—	—	5
	0.25	1.06	—	—	5
	0.42	0.60	—	—	5
镍合金 200	0.18	0.76	—	—	5
蒙乃尔 400 合金	0.25	1.06	—	—	5
Ti-6Al-4V 合金	0.50	1.14	—	—	5

9.2.3　1 mm 厚度 Ni–Cr 系不锈钢的激光焊操作

1. 焊前准备

根据焊接工件的连接情况选择接头形式。

对于钢铁材料，焊前应对工件表面进行除锈和脱脂处理。在要求较严格时，可能需要酸洗，或焊前用乙醚、丙酮或四氯化碳清洗。焊件装配时，先将框架与底板进行装配，然后连接大小立隔板。

2. 焊接过程

(1) 确定焊接工艺参数。对 Ni–Cr 系不锈钢材料进行激光焊时，材料具有很高的能量吸收率和熔化效率，在机器上调节功率为 5 kW，焊接速度为 1.67 cm/s，光斑直径为 0.6 mm，光的吸收率为 85%，熔化效率为 71%。

(2) 进行激光焊。在激光焊过程中，焊件应夹紧，以防止热变形。填充金属以焊丝的形式加入，填充金属的施加量不能过大，不要破坏小孔效应。

(3) 操作设备。

① 打开电源，检查设备的通电情况。

② 开启水冷设备，确认冷却系统正常运转。

③ 激光灯通电，点燃时间约 2 min。

④ 设定所需焊接参数，打开保护气气瓶上方的阀门。打开气体表的出气调节旋钮，踩脚踏出激光。

⑤ 再次确认焊件在焊接舱中固定牢固。

⑥ 调节灯光和吹气嘴位置，使之对准焊接点，开始焊接。

⑦ 焊接完成，取出样品。

⑧ 关闭设备，关闭冷却水，关闭电源，关闭气瓶总阀门。

9.2.4　激光安全与防护

1. 激光的危害

焊接和切割中所用的激光器输出功率或能量非常高，对于脉冲激光，为数焦耳至数百焦耳。激光焊设备中有数千伏至数万伏的高压激励电源，一旦接触，对人体会造成伤害。

1) 对眼睛的伤害

激光的亮度比太阳和电弧的亮度高数十个数量级，会对眼睛造成严重损伤。当眼睛受到激光的直接照射时，激光的加热效应会导致视网膜烧伤，甚至使人瞬间致盲，后果十分严重。即使是小功率的激光，如数毫瓦的 He-Ne 激光，由于人眼的光学聚焦作用，也可能引起眼底组织损伤。

在激光加工过程中，工件表面会对激光反射，强反射的危险程度与直接照射时的相差无几，而漫反射光会对眼睛造成慢性损伤，进而导致视力下降等问题。因此，在激光加工时，必须特别注意保护人眼的安全。

2) 对皮肤的伤害

当皮肤受到激光的直接照射时，会造成烧伤，特别是聚焦后，激光功率密度更高，伤害力更大，会造成严重烧伤。长时间受紫外光、红外光漫反射的影响，可能导致皮肤老化、炎症和皮癌等病变。

3) 电击

激光束直接照射或强反射时会引起可燃物的燃烧，从而导致火灾。此外激光器中还存在高压(数千伏至数万伏)，有电击危险。

4) 有害气体

激光焊时，材料受激烈加热而蒸发、气化，从而产生各种有毒的金属烟尘。而高功率激光加热时形成的等离子体会产生臭氧，对人体有一定的损害。

2. 激光的防护

(1) 电器系统外罩的所有维修门应配备适当的互锁装置，外罩应有相应措施以便在进入维修门之前使电容器组放电。激光加工设备应有各种安全保护措施，在激光加工设备上应设有明显的危险警示标志和信号，如"激光危险""高压危险"等。

(2) 激光光路系统应尽可能全封闭，例如让激光在金属管中传递，以防发生直接照射。若激光光路不能完全封闭，应设法使光束避开眼、头等重要器官，让激光从人体高度以上通过。

(3) 激光加工工作台应用玻璃等屏蔽，防止反射光。

(4) 激光加工场地应用栅栏、隔墙、屏风等隔离，防止无关人员进入危险区。

(5) 激光器现场操作和加工工作人员必须配备激光防护眼镜，穿白色工作服，以减轻漫反射对工作人员造成的影响。

(6) 只允许有经验的工作人员对激光器进行操作和激光加工。焊接区应配备有效的通风或排风装置。

附录 考核实例

1. 平板水平位置焊条电弧焊

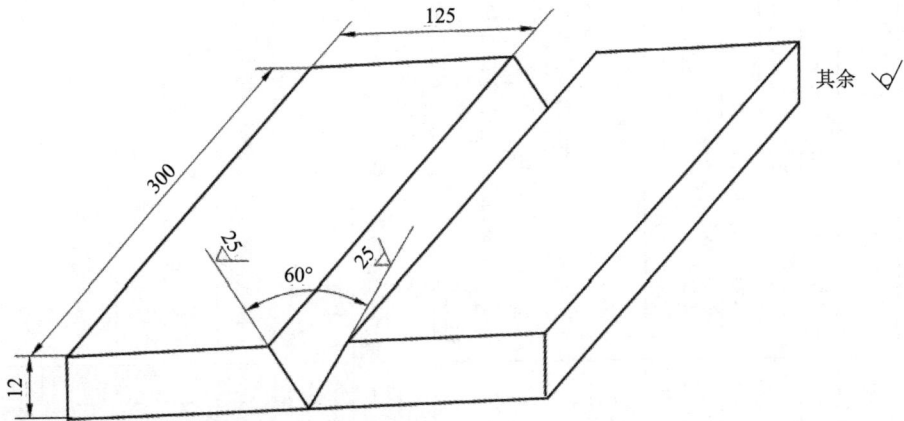

技 术 要 求

1. 单面焊双面成形。
2. 焊条型号 E4303，直径自定。
3. 钝边、间隙自定，允许采用反变形。
4. 单向焊接，除盖面层外，焊接接头允许磨削。
5. 焊缝两侧边缘各 10 mm 内缺陷不计。
6. 试板离地面的高度自定。

图号	附图 1
名称	平板水平位置焊条电弧焊
材料	Q235

附表 1　平板水平位置焊条电弧焊考核内容及评分

考核项目	考核内容	考核要求	分值	评分标准	扣分	得分
主要项目	焊缝的外形尺寸	正面焊缝余高 0~3 mm	5	每超差 0.5 mm 扣 2 分		
		背面焊缝余高 0~3 mm	5	每超差 0.5 mm 扣 2 分		
		正面焊缝余高差≤2 mm	2	每超差 0.5 mm 扣 1 分		
		背面焊缝余高差≤2 mm	2	每超差 0.5 mm 扣 1 分		
		正面焊缝比坡口每侧增宽 0.5~2.5 mm	10	每超差 1 处扣 1 分		
		正面焊缝宽度差≤2 mm	4	每超差 0.5 mm 扣 2 分		
	焊缝的外观质量	焊缝表面无气孔、夹渣等缺陷	5	焊缝表面有气孔或夹渣扣 5 分		
		焊缝表面无咬边	12	咬边深度≤0.5 mm 且咬边长度≤2 mm 扣 1 分，长度每增加 2 mm 加扣 1 分；咬边深度>0.5 mm，扣 12 分		
		背面焊缝无凹坑	5	凹坑深度≤2 mm 且长度≤5 mm 扣 1 分，长度每增加 5 mm 加扣 1 分；凹坑深度>2 mm，扣 5 分		
	焊缝的 X 射线探伤	不低于Ⅲ级片	20	Ⅰ级片 20 分，Ⅱ级片 10 分，Ⅲ级片 5 分，Ⅳ级片 0 分		
	焊接接头的弯曲试验	面弯、背弯各 1 件，弯曲角 90°	20	面弯合格 8 分；背弯合格 12 分		
一般项目	角变形	不超过 3°	3	超过 3° 得 0 分		
安全文明生产	规范使用劳动保护用品	按照劳工保规定评定	4	每违反 1 项扣 1 分		
	现场清理	工作场地整洁，工具摆放整齐，设备断电、断气	3	每违反 1 项扣 1 分		
工时定额	60 min	按时完成		超时≤5 min，扣 5 分，若超时>5 min，则每超时 5 min 加扣 5 分		

2. 平板垂直位置焊条电弧焊

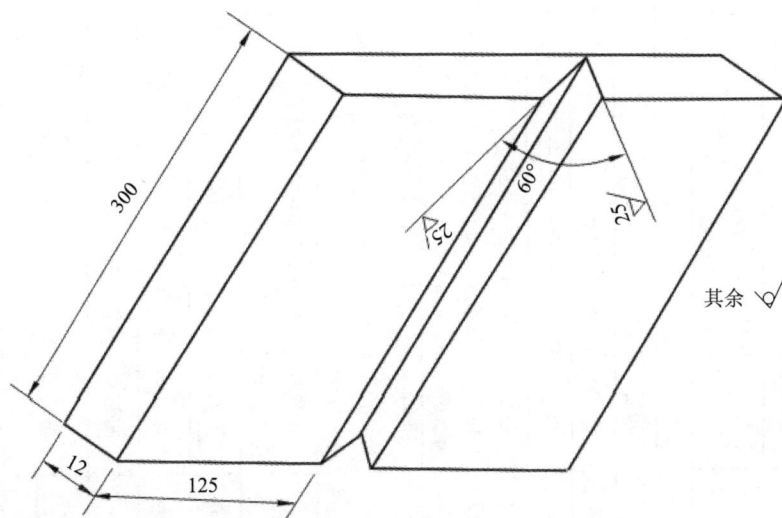

技 术 要 求

1. 单面焊双面成形。
2. 焊条型号 E4303，直径自定。
3. 钝边、间隙自定，允许采用反变形。
4. 单向焊接，除盖面层外，焊接接头允许磨削。
5. 焊缝两侧边缘各 10 mm 内缺陷不计。
6. 试板离地面的高度自定。

图号	附图 2
名称	平板垂直位置焊条电弧焊
材料	Q235

附表 2　平板垂直位置焊条电弧焊考核内容及评分

考核项目	考核内容	考核要求	分值	评分标准	扣分	得分
主要项目	焊缝的外形尺寸	正面焊缝余高 0~4 mm	5	每超差 0.5 mm 扣 2 分		
		背面焊缝余高 0~3 mm	5	每超差 0.5 mm 扣 2 分		
		正面焊缝高差≤3 mm	2	每超差 0.5 mm 扣 1 分		
		背面焊缝余高差≤2 mm	2	每超差 0.5 mm 扣 1 分		
		正面焊缝比坡口每侧增宽 0.5~2.5 mm	10	每超差 1 处扣 2 分		
		正面焊缝宽度差≤3 mm	4	每超差 0.5 mm 扣 2 分		
	焊缝的外观质量	焊缝表面无气孔、夹渣等缺陷	5	焊缝表面有气孔或夹渣扣 5 分		
		焊缝表面无咬边	12	咬边深度≤0.5 mm 且咬边长度≤2 mm 扣 1 分，长度每增加 2 mm 加扣 1 分；咬边深度>0.5 mm，扣 12 分		
		背面焊缝无凹坑	5	凹坑深度≤2 mm 且长度≤5 mm 扣 1 分，长度每增加 5 mm 加扣 1 分；凹坑深度>2 mm，扣 5 分		
	焊缝的 X 射线探伤	不低于Ⅲ级片	20	Ⅰ级片 20 分，Ⅱ级片 10 分，Ⅲ级片 5 分，Ⅳ级片 0 分		
一般项目	焊接接头的弯曲试验	面弯、背弯各 1 件，弯曲角 90°	20	面弯合格 8 分；背弯合格 12 分		
	角变形	不超过 3°	3	超过 3° 得 0 分		
安全文明生产	规范使用劳动保护用品	按焊工劳保规定评定	4	每违反一项扣 1 分		
	现场清理	工作场地整洁，工具摆放整齐，设备断电、断气	3	每违反一项扣 1 分		
工时定额	90 min	按时完成		超时≤5 min，扣 5 分，若超时>5 min，则每超时 5 min 加扣 5 分		

3. 管板垂直固定焊条电弧焊

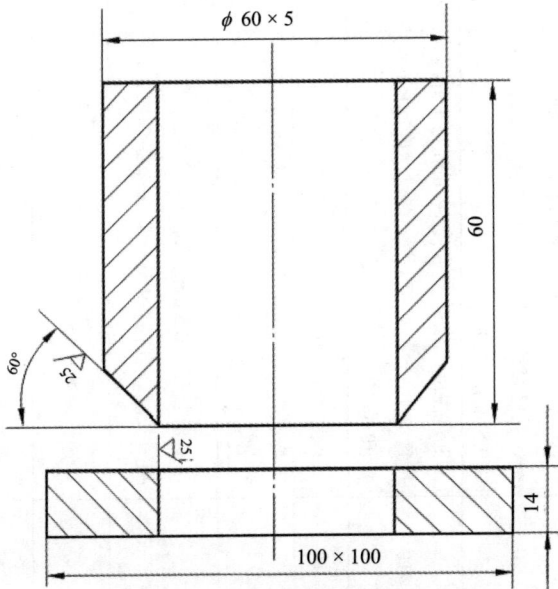

技 术 要 求

1. 单面焊双面成形。
2. 焊条型号 E4303，直径自定。
3. 钝边、间隙自定。
4. 固定焊接，不得移动试件。
5. 底层焊缝接头允许磨削。
6. 试板离地面的高度自定。

图号	附图 3
名称	管板垂直固定焊条电弧焊
材料	管 20 钢、Q235 钢板

附表 3 管板垂直固定焊条电弧焊考核内容及评分

考核项目	考核内容	考核要求	分值	评分标准	扣分	得分
主要项目	焊缝的外形尺寸	焊脚高度 8～11 mm	20	每超差 0.5 mm 扣 5 分		
		焊缝凹凸度≤1.5 mm	5	每超差 0.5 mm 扣 2 分		
	焊缝的外观质量	焊缝表面无咬边	20	咬边深度≤0.5 mm 且咬边长度≤2 mm 扣 1 分，长度每增加 2 mm 加扣 1 分；咬边深度 >0.5 mm，扣 12 分		
		背面焊缝无凹坑	10	凹坑深度≤1 mm 且长度≤5 mm 扣 1 分，长度每增加 5 mm 加扣 1 分；凹坑深度>1 mm，扣 10 分		
		焊缝未焊透深度≤0.8 mm	10	每超差 0.6 mm 扣 2 分		
	焊缝的金相宏观检测（3 个检查面）	断面无气孔	12	气孔直径≤0.5 mm，每个气孔扣 1 分；气孔直径>0.5 mm，每个气孔扣 2 分		
		断面无夹渣	12	夹渣长度≤0.5 mm，每个夹渣扣 1 分；夹渣长度、直径>0.5 mm，每个夹渣扣 2 分		
一般项目	通球检验（球径 42.5 mm）	通过	4	通不过得 0 分		
安全文明生产	规范使用劳动保护用品	按焊工劳保规定评定	4	每违反 1 项扣 1 分		
	现场清理	工作场地整洁、工具摆放整齐、设备断电、断气	3	每违反 1 项扣 1 分		
工时定额	60min	按时完成		超时≤5 min，扣 5 分，若超时>5 min，则每超时 5 min 加扣 5 分		

4. 焊条电弧焊立角焊

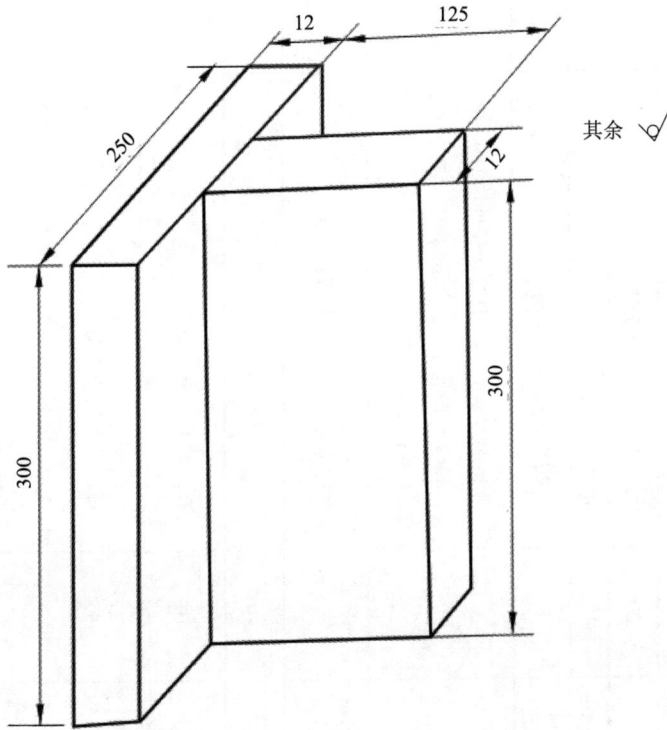

技 术 要 求

1. T 型接头。

2. 焊条型号 E4303，直径自定。

3. 装配间隙自定。

4. 底层焊缝接头允许磨削。

5. 焊缝两侧边缘各 10 mm 范围内缺陷不计。

6. 试板离地面的高度自定。

图号	附图 4
名称	焊条电弧焊立角焊
材料	Q235

附表 4　焊条电弧焊立角焊考核内容及评分

考核项目	考核内容	考核要求	分值	评分标准	扣分	得分
主要项目	焊缝的外形尺寸	焊脚高度 8～10 mm	20	每超差 1 mm 扣 5 分		
		焊接高度差≤2 mm	12	每超差 0.5 mm 扣 3 分		
		焊缝凹凸度≤1.5 mm	8	每超差 0.5 mm 扣 4 分		
	焊缝的外观质量	焊缝表面无咬边	20	咬边深度≤0.5 mm 且咬边长度≤2 mm 扣 1 分，长度每增加 2 mm 加扣 1 分；咬边深度>0.5 mm，扣 20 分		
		背面焊缝无气孔、夹渣等缺陷	7	焊缝表面有气孔、夹渣扣 7 分		
		焊缝表面无焊瘤	16	每一个焊瘤扣 8 分		
一般项目	煤油渗漏检查	不渗漏	10	有渗漏得 0 分		
安全文明生产	规范使用劳动保护用品	按焊工劳保规定评定	4	每违反 1 项扣 1 分		
	现场清理	工作场地整洁、工具摆放整齐、设备断电、断气	3	每违反 1 项扣 1 分		
工时定额	60 min	按时完成		超时≤5 min，扣 5 分，若超时>5 min，则每超时 5 min 加扣 5 分		

5. 厚板水平位置埋弧自动焊

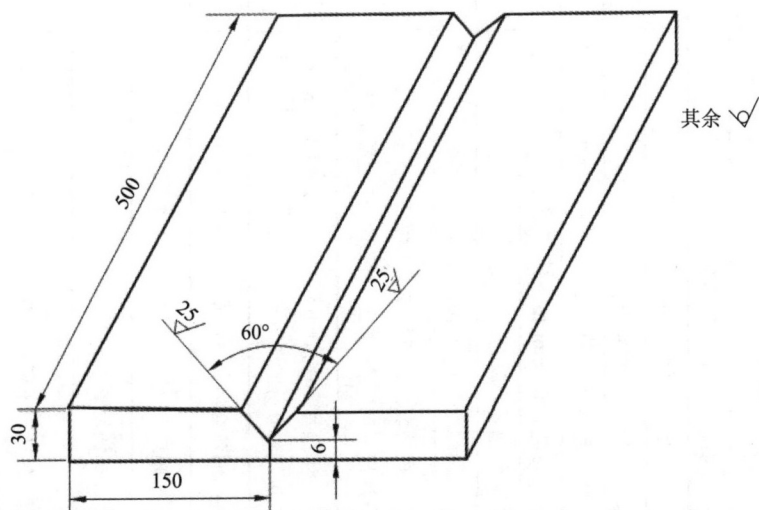

技 术 要 求

1. 厚板 Y 形坡口水平位置双面焊。
2. 焊丝牌号 H08A，焊剂牌号 HJ431。
3. 试板两端允许安装引弧板和熄弧板。
4. 可以采用焊剂垫。
5. 背面焊缝允许采用碳弧气刨清根。
6. 试板离地面的高度自定。

图号	附图 5
名称	厚板水平位置埋弧自动焊
材料	Q235

附表 5　厚板水平位置埋弧自动焊考核内容及评分

考核项目		考核内容	考核要求	分值	评分标准	扣分	得分
主要项目		焊缝的外形尺寸	正面焊缝余高 0～4 mm	8	每超差 0.5 mm 扣 2 分		
			背面焊缝余高 0～4 mm	8	每超差 0.5 mm 扣 2 分		
			正面焊缝余高差≤2 mm	2	每超差 0.5 mm 扣 1 分		
			背面焊缝余高差≤2 mm	2	每超差 0.5 mm 扣 1 分		
			正面焊缝比坡口每侧增宽 2～4 mm	8	每超差 0.5 mm 扣 2 分		
			背面焊缝比坡口每侧增宽 2～4 mm	8	每超差 0.5 mm 扣 2 分		
			正面焊缝宽度差≤2 mm	2	每超差 0.5 mm 扣 1 分		
			背面焊缝宽度差≤2 mm	2	每超差 0.5 mm 扣 1 分		
		焊缝的外观质量	焊缝表面不允许有裂纹、未熔合、夹渣、气孔、焊瘤、未焊透、咬边、凹坑	10	焊缝表面如有裂纹、未熔合、夹渣、气孔、焊瘤、未焊透、咬边、凹坑，外观质量得 0 分		
		焊缝的 X 射线探伤	不低于Ⅲ级片	20	Ⅰ级片 20 分，Ⅱ级片 10 分，Ⅲ级片 5 分，Ⅳ级片 0 分		
一般项目		焊接接头的弯曲试验	面弯、背弯各 1 件，弯曲角 90°	20	面弯合格 8 分；背弯合格 12 分		
		角变形	不超过 3°	3	超过 3°得 0 分		
安全文明生产		规范使用劳动保护用品	按焊工劳保规定评定	4	每违反 1 项扣 1 分		
		现场清理	工作场地整洁，工具摆放整齐，设备断电、断气	3	每违反 1 项扣 1 分		
工时定额		60 min	按时完成		超时≤5 min，扣 5 分，若超时＞5 min，则每超时 5 min 加扣 5 分		

6. 环缝对接埋弧自动焊

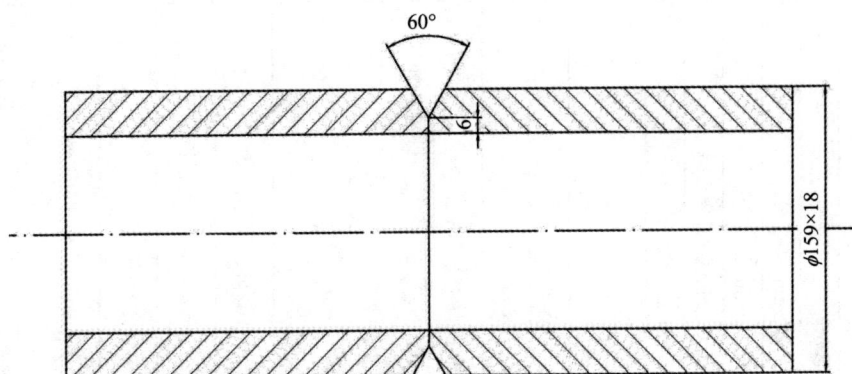

60°

$\phi 159 \times 18$

技 术 要 求

1. 厚板 Y 形坡口水平位置双面焊。
2. 焊丝牌号 H08A，焊剂牌号 HJ431。
3. 可以采用焊剂垫。
4. 背面焊缝允许采用气刨清根。

图号	附图 6
名称	环缝对接埋弧自动焊
材料	Q235

附表 6　环缝对接埋弧自动焊考核内容及评分

考核项目	考核内容	考核要求	分值	评分标准	扣分	得分
主要项目	焊缝的外形尺寸	内环缝余高 0~4 mm	8	每超差 0.5 mm 扣 2 分		
		外环缝余高 0~4 mm	8	每超差 0.5 mm 扣 2 分		
		内环缝余高差≤2 mm	2	每超差 0.5 mm 扣 1 分		
		外环缝余高差≤2 mm	2	每超差 0.5 mm 扣 1 分		
		内环缝宽度 18±20 mm	8	每超差 1 mm 扣 2 分		
		外环缝比坡口每侧增宽 2~4 mm	8	每超差 0.5 mm 扣 2 分		
		内环缝宽度差≤2 mm	2	每超差 0.5 mm 扣 1 分		
		外环缝宽度差≤2 mm	2	每超差 0.5 mm 扣 1 分		
	焊缝的外观质量	焊缝表面不允许有裂纹、未熔合、夹渣、气孔、焊瘤、未焊透、咬边、凹坑	10	焊缝表面如有裂纹、未熔合、夹渣、气孔、焊瘤、未焊透、咬边、凹坑，外观质量得 0 分		
	焊缝的 X 射线探伤	不低于Ⅲ级片	20	Ⅰ级片 20 分，Ⅱ级片 10 分，Ⅲ级片 5 分，Ⅳ级片 0 分		
一般项目	焊接接头的弯曲试验	面弯、背弯各 1 件，弯曲角 180°	20	面弯合格 10 分；背弯合格 10 分		
	对接错边量	不超过 1.8 mm	3	超过 1.8 mm 得 0 分		
安全文明生产	规范使用劳动保护用品	按焊工劳保规定评定	4	每违反 1 项扣 1 分		
	现场清理	工作场地整洁，工具摆放整齐，设备断电、断气	3	每违反 1 项扣 1 分		
工时定额	60 min	按时完成		超时≤5 min，扣 5 分，若超时＞5 min，则每超时 5 min 加扣 5 分		

7. 管对接固定手工钨极氩弧焊

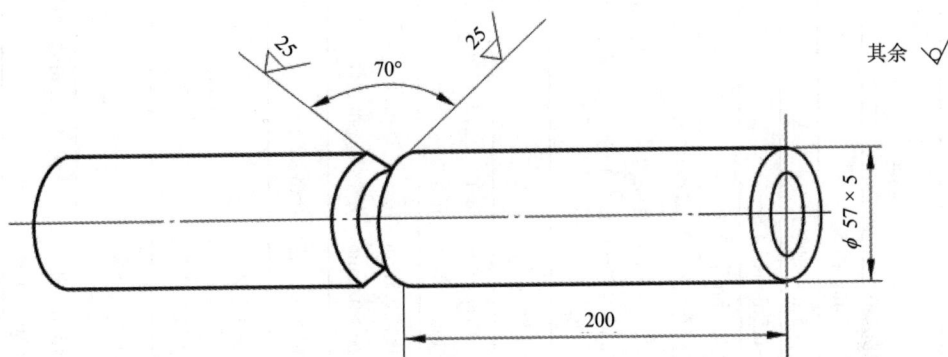

技 术 要 求

1. 管子水平固定，单面焊双面成形。
2. 焊丝牌号 H08Mn2SiA，直径可自定。
3. 钨极牌号、直径自定。
4. 钝边、装配间隙自定。
5. 底层焊缝接头允许磨削。
6. 管子底面离地面的高度自定。

图号	附图 7
名称	管对接固定手工钨极氩弧焊
材料	20 钢

附表 7　管对接固定手工钨极氩弧焊考核内容及评分

考核项目	考核内容	考核要求	分值	评分标准	扣分	得分
主要项目	焊缝的外形尺寸	焊缝余高 0~2 mm	10	每超差 0.5 mm 扣 5 分		
		焊缝余高差≤1 mm	2	每超差 0.5 mm 扣 1 分		
		焊缝比坡口每侧增宽 0.5~2 mm	8	每超差 0.5 mm 扣 4 分		
		焊缝宽度差≤1 mm	4	每超差 0.5 mm 扣 2 分		
	焊缝的外观质量	焊缝表面无气孔、夹渣	5	焊缝表面有气孔或夹渣得 0 分		
		焊缝表面无咬边	10	咬边深度≤0.5 mm 且咬边长度≤2 mm 扣 1 分，长度每增加 2 mm 加扣 1 分；咬边深度>0.5 mm，扣 10 分		
		背面凹坑≤1 mm	8	每超差 0.5 mm 扣 2 分		
	焊缝的断口检验	断口无气孔	8	气孔直径≤0.5 mm，每个气孔扣 1 分；气孔直径>0.5 mm，每个气孔扣 2 分		
		断口无夹渣	8	夹渣长度≤0.5 mm，每个夹渣扣 1 分；夹渣长度、直径>0.5 mm，每个夹渣扣 2 分		
一般项目	焊接接头的弯曲试验	面弯、背弯各 1 件，弯曲角 90°	20	面弯合格 8 分；背弯合格 12 分		
	通球检验	球径 40 mm	10	通不过得 0 分		
安全文明生产	规范使用劳动保护用品	按焊工劳保规定评定	4	每违反 1 项扣 1 分		
	现场清理	工作场地整洁，工具摆放整齐，设备断电、断气	3	每违反 1 项扣 1 分		
工时定额	90 min	按时完成		超时≤5 min，扣 5 分，若超时>5 min，则每超时 5 min 加扣 5 分		

8. 平板对接手工钨极氩弧焊

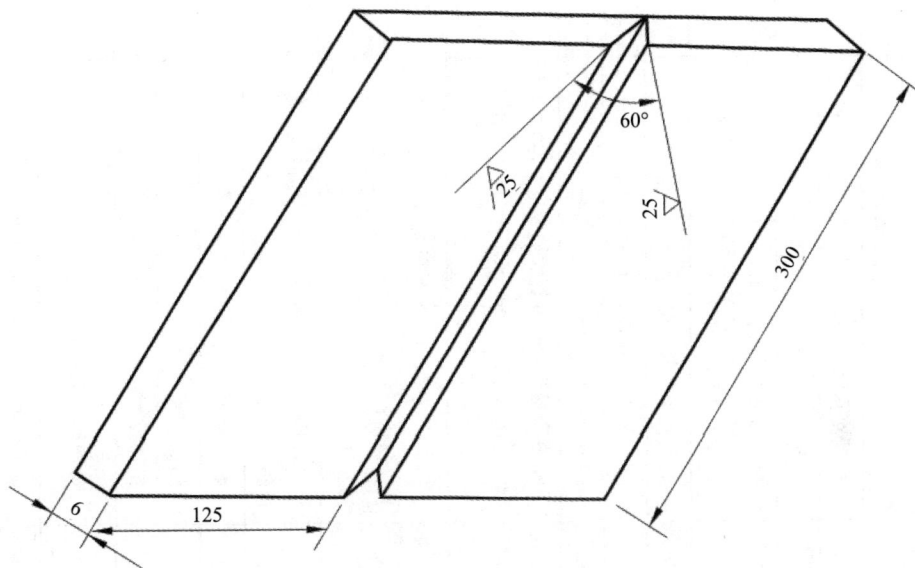

技 术 要 求

1. 平板垂直位置，单面焊双面成形。
2. 焊丝牌号 H08AMn2SiA，直径自定。
3. 钨极牌号、直径自定。
4. 钝边、装配间隙自定。
5. 允许采用反变形或刚性固定。
6. 除盖面层外，焊接接头允许磨削。
7. 试板底面离地面的高度自定。
8. 焊缝两端边缘各 10mm 内缺陷不计。

图号	附图 8
名称	平板对接手工钨极氩弧焊
材料	Q235

附表 8　平板对接手工钨极氩弧焊考核内容及评分

考核项目	考核内容	考核要求	配分	评分标准	扣分	得分
主要项目	焊缝的外形尺寸	正面焊缝余高 0～3 mm	5	每超差 0.5 mm 扣 2 分		
		背面焊缝余高 0～2 mm	5	每超差 0.5 mm 扣 2 分		
		正面焊缝余高差 ≤2 mm	2	每超差 0.5 mm 扣 1 分		
		背面焊缝余高差 ≤2 mm	2	每超差 0.5 mm 扣 1 分		
		正面焊缝比坡口每侧增宽 0.5～2.5 mm	10	每超差 1 处扣 2 分		
		正面焊缝宽度差 ≤2 mm	4	每超差 0.5 mm 扣 2 分		
	焊缝的外观质量	焊缝表面无气孔、夹渣等缺陷	5	焊缝表面有气孔或夹渣扣 5 分		
		焊缝表面无咬边	12	咬边深度 ≤0.5 mm 且咬边长度 ≤2 mm 扣 1 分，长度每增加 2 mm 加扣 1 分；咬边深度 >0.5 mm，扣 12 分		
		背面焊缝无凹坑	5	凹坑深度 ≤2 mm 且长度 ≤5 mm 扣 1 分，长度每增加 5 mm 加扣 1 分；凹坑深度 >2 mm，扣 5 分		
	焊缝的 X 射线探伤	不低于Ⅲ级片	20	Ⅰ级片 20 分，Ⅱ级片 10 分，Ⅲ级片 5 分，Ⅳ级片 0 分		
一般项目	焊接接头的弯曲试验	面弯、背弯各 1 件，弯曲角 90°	20	面弯合格 8 分；背弯合格 12 分		
	角变形	不超过 3°	3	超过 3°得 0 分		
安全文明生产	规范使用劳动保护用品	按焊工劳保规定评定	4	每违反 1 项扣 1 分		
	现场清理	工作场地整洁，工具摆放整齐，设备断电、断气	3	每违反 1 项扣 1 分		
工时定额	60 min	按时完成		超时 ≤5 min，扣 5 分，若超时 >5 min，则每超时 5 min 加扣 5 分		

参 考 文 献

[1]　刘伟，李飞，姚鹤鸣. 焊接机器人操作编程及应用[M]. 北京：机械工业出版社，2016.

[2]　李亚江，王娟，等. 特种焊接技术及应用[M]. 5 版. 北京：化学工业出版社，2018.